Zahlensysteme und ihre Anwendung in der SPS-Programmierung

EINFACH erklärt

SPS Grundwissen

Dipl.-Ing. (FH) Hassan Bettahi

Experte und Trainer für SPS Programmierung

E-Mail: Dipl.Ing.Hassan.Bettahi@gmail.com

Über den Autor:

Hassan Bettahi hat technische Informatik an der HSN Niederrhein in Deutschland studiert und hat den Abschluss Dipl.-Ing (FH).

Er war mehrere Jahre in der Industrie für namhafte Maschinenbauer und Industrieunternehmen in Deutschland für internationale Projekte tätig. Sein Schwerpunkt als Projektingenieur lag bei komplexer Softwareentwicklung für Industriemaschinen. Des Weiteren war er Software Leiter einer hochpräzisen Maschinenmarke eines namhaften deutschen Maschinenherstellers, die weltweit eingesetzt wird.

Schließlich hat er sich für Training und Beratung entschieden und arbeitet nun seit über 6 Jahren als Trainer im Bereich SPS Programmierung in Deutschland. Damit geht er seiner Leidenschaft nach.

Für ihn ist klar, dass jeder Kurs neue Herausforderungen mit sich bringt, den verschiedenen Anforderungen der unterschiedlichen Lerngruppen und Studierenden gerecht zu werden.

Die verschiedenen Hürden und Schwierigkeiten, die die meisten Studierenden hatten, nahm er wahr und entwickelte eine spezielle Methodik. Mit Erfolg. Denn mit diesen Erfahrungen schreibt der Autor sein

E-Book / Buch „Zahlensysteme und ihre Anwendung in der SPS Programmierung", um sie den Lernenden weiterzugeben. Mit diesem E-Book / Buch soll das Selbst-Learning einen Schritt einfacher gestaltet werden, sowohl für Einsteiger als auch Quereinsteiger.

Dieses E-Book / Buch ist interessant für Techniker, Ingenieure, Studierende und zur Unterstützung beim Besuch einer Weiterbildung oder Schulung für SPS Programmierung.

Inhaltsverzeichnis

1. Definition einer SPS

SPS ist die Abkürzung für Speicherprogrammierbare Steuerung.

Nach DIN EN 61131-1 versteht man darunter Folgendes:

- die SPS ist ein digital arbeitendes, elektronisches System für den Einsatz in industriellen Umgebungen

- Die SPS ist mit einem programmierbaren Speicher ausgestattet

- Der programmierbare Speicher dient zur internen Speicherung der anwenderorientierten Steuerungsanweisungen

- mit den Steuerungsanweisungen werden spezielle Funktionen implementiert, um dadurch digitale oder analoge Eingangs- und Ausgangs-Signale von Maschinen zu steuern

1.1 Einführung:

Eine SPS (Speicherprogrammierbare Steuerung) ist ein Computer, der für den industriellen Einsatz konzipiert ist. Er steuert Anlagen und Maschinen. Die CPU der SPS arbeitet digital, daher kann er nur die zwei Zustände **0** und **1** unterscheiden, interpretieren und speichern, die Speicherung erfolgt über sogenannte **Bits.** Ein **Bit** ist ein Speicherbereich innerhalb der gesamten SPS Speicher, der maximal einen der zwei digitalen Zustände, speichern kann, **0** oder **1.** Damit ist ein **Bit** die kleinste Speichereinheit. Die Bits innerhalb der SPS Speichereinheiten werden von rechts nach links nummeriert.

In der SPS Technik bedeutet die Ziffer **0**, dass keine Spannung anliegt, und die Ziffer **1**, dass Spannung anliegt, diese bilden die Wahrheitswerte **„TRUE" (1)** und **„FALSE" (0).**

Spannung	Wahrheitswert	Bit 0
Liegt keine Spannung an	FALSE	0
Liegt Spannung an	TRUE	1

0 und **1** werden auch **boolesche Zahlen** genannt.

2. Wie viele Zustände kann eine beliebige Anzahl an Bit speichern?

Wie viele Zustände kann 1 Bit speichern?

1 Bit kann maximal $2^1 = 2$ **zustände** (Möglichkeiten) speichern

Bitnummer	Bit 0
Zustand 1	0
Zustand 2	1

Wie viele Zustände können 2 Bit speichern?

2 Bit können maximal $2^2 = 4$ **Zustände** (Möglichkeiten) speichern

1. Bit von rechts nach links nummerieren, **Bit 0** und **Bit 1**.
2. Die Spalte für **Bit 0** mit abwechselnden **0** und **1**, angefangen mit der Ziffer **0** von oben nach unten füllen.
3. Die spalte für **Bit 1** mit abwechselnden **00** und **11**, von oben nach unten Füllen.

Bit-Nr.	Bit 1	Bit 0
Zustand 1		0
Zustand 2		1

Zustand 3		**0**
Zustand 4		**1**

Bit-Nr.	Bit 1	Bit 0
Zustand 1	**0**	0
Zustand 2	**0**	1
Zustand 3	**1**	0
Zustand 4	**1**	1

Damit sind alle möglichen Zahlen, die mit **2 Bit** realisiert werden können, dargestellt: **4 Zustände**.

Wie viele Zustände können 3 Bit speichern?

1. Bit von rechts nach links nummerieren, **Bit 0**, **Bit 1**, und **Bit 2.**

2. Die Spalte für **Bit 0** mit abwechselnden **0** und **1**, angefangen mit der Ziffer **0** von oben nach unten füllen.

Bit-Nr.	Bit 2	Bit 1	Bit 0
Zustand 1			**0**
Zustand 2			**1**
Zustand 3			**0**
Zustand 4			**1**
Zustand 5			**0**
Zustand 6			**1**
Zustand 7			**0**
Zustand 8			**1**

3. Die spalte für **Bit 1** mit abwechselnden **00** und **11**, von oben nach unten Füllen.

Bit-Nr.	Bit 2	Bit 1	Bit 0
Zustand 1		0	0
Zustand 2		0	1
Zustand 3		1	0
Zustand 4		1	1
Zustand 5		0	0
Zustand 6		0	1
Zustand 7		1	0
Zustand 8		1	1

4. Die spalte für **Bit 2** mit abwechselnden **0000** und **1111**, von oben nach unten Füllen.

Bit-Nr.	Bit 2	Bit 1	Bit 0
Zustand 1	0	0	0
Zustand 2	0	0	1
Zustand 3	0	1	0
Zustand 4	0	1	1
Zustand 5	1	0	0
Zustand 6	1	0	1
Zustand 7	1	1	0
Zustand 8	1	1	1

Damit sind alle möglichen Zahlen, die mit **3 Bit** realisiert werden können, dargestellt: **8 Zustände.**

3 Bit können maximal $2^3 = 8$ Zustände (Möglichkeiten) speichern

Wie viele Zustände können 4, 5, 6, 7, 8, 16 und 32 Bit speichern?

4 Bit können maximal $2^4 = 16$ Zustände speichern

5 Bit können maximal $2^5 = 32$ Zustände speichern

6 Bit können maximal $2^6 = 64$ Zustände speichern

7 Bit können maximal $2^7 = 128$ Zustände speichern

8 Bit können maximal $2^8 = 256$ Zustände speichern

16 Bit können maximal $2^{16} = 65.536$ Zustände speichern

32 Bit können maximal $2^{32} = 4.294.967.296$ Zustände speichern

3. Speicherstruktur der SPS

3.1 Bit, Byte, Word, DWord

Die SPS nutzt unterschiedliche Informationseinheiten, um Daten auf die SPS zu speichern, diese unterscheiden sich in der maximalen Anzahl an Bits, die sie speichern können: 1 Bit, 8 Bit, 16 Bit, und 32 Bit, bei Siemens S7 1500 werden Informationseinheiten bis 64 Bit unterstützt.

<table>
<tr><td align="center">Bit</td></tr>
<tr><td>Bit (Binary Digit), ist die kleinste Speichereinheit und kann 0 oder 1 enthalten.
1 Bit</td></tr>
<tr><td align="center">Byte</td></tr>
<tr><td>Byte setzt sich aus 8 Bit zusammen, nummeriert von rechts nach links.

Byte werden im Speicher adressiert, hier wird diesen Byte die Adresse 0 zugewiesen (Byte 0).

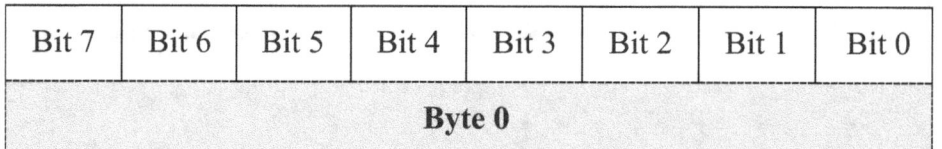

 Byte 0 enthält Bit 0 bis 7.
Wie viele Zustände kann ein Byte darstellen?
Aus 8 Bit können 2^8 Zustände darstellt werden = 256 Zustände.</td></tr>
</table>

Word

Word setzt sich aus 16 Bit zusammen, die von rechts nach links nummeriert sind.

Word werden im Speicher adressiert, hier wird diesen Word die Adresse 0 zugewiesen (Word 0).

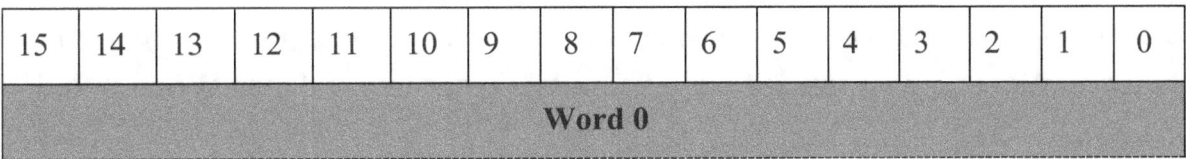

Ein **Word** mit 16 Bit Länge, enthält 2 **Byte** (2x 8 **Bit**).

Die **Bytes** innerhalb eines **Word** werden von links nach rechts adressiert.

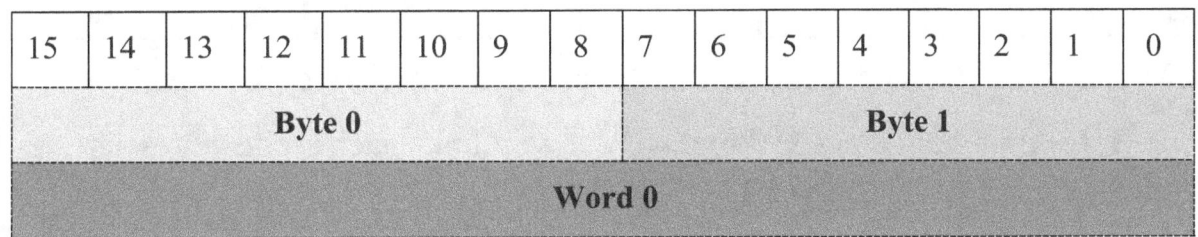

Word 0 enthält **Byte 0** und **Byte 1**.

Byte 0 enthält Bit 8 bis 15

Byte 1 enthält Bit 0 bis 7

Word 0 enthält **Bit 0 bis 15**, was auch bedeutet, **Byte 0** und **Byte 1**.

DWord

DWord setzt sich aus 32 **Bit** zusammen, nummeriert von rechts nach links.

31 30 29 28 27 26 25 24 23 22 21 20 19 18 17 16 15 14 13 12 11 10 9 8 7 6 5 4 3 2 1 0
DWord 0

DWord (Double Word) ist 32 **Bit** lang, daher enthält er automatisch 2 **Word** (2X 16 **Bit**), was bedeutet 4 **Byte** (4X 8 Bit).

Die **Words** innerhalb eines **DWord** werden von links nach rechts adressiert, da jedes **Word** 2 **Byte** enthält, steigt seine Adresse um 2, daher **Word 0** und **Word 2.**

Word 0 enthält **Bit** 16 bis 31, **Word 2** enthält **Bit** 0 bis 15

31 30 29 28 27 26 25 24 23 22 21 20 19 18 17 16	15 14 13 12 11 10 9 8 7 6 5 4 3 2 1 0
Word 0	**Word 2**
DWord 0	

DWord ist 32 **Bit** lang, daher enthält es automatisch 4 **Byte** (4X 8 Bit).

Die **Bytes** innerhalb eines **DWord** werden von links nach rechts adressiert, **Byte 0, Byte 1, Byte 2, Byte 3**.

Gleichzeitig enthält jedes **Word** 2 **Byte.**

Word 0 enthält **Byte 0** und **Byte 1, Word 2** enthält **Byte 2** und **Byte 3**

31 30 29 28 27 26 25 24	23 22 21 20 19 18 17 16	15 14 13 12 11 10 9 8	7 6 5 4 3 2 1 0
BYTE 0	**BYTE 1**	**BYTE 2**	**BYTE 3**
WORD 0		**WORD 2**	
DWORD 0			

Byte 0 enthält **Bits** 24 bis 31, **Byte 1** enthält **Bits** 16 bis 23, **Byte 2** enthält **Bits** 8 bis 15, und **Byte 3** enthält **Bits** 0 bis 7

Schlussfolgerung:

Eine binäre Ziffer, **0** oder **1**, kann man in einem **Bit** speichern.

Eine binäre Zahl, die aus mehr als einem **Bit** entsteht, passt nicht mehr in einen **Bit**, und es muss dafür die nächstmögliche Informationseinheit benutzt werden, daher wird eine binäre Zahl, die aus 2 booleschen Ziffern besteht, in einem **Byte** gespeichert, sprich die nächstmögliche Größe, mit der Länge **8 Bits.**

Eine binäre Zahl, die aus 8 booleschen Ziffern besteht, wird in einem **Byte** gespeichert.

Eine binäre Zahl, die aus 9 booleschen Ziffern besteht, kann nicht in einem **Byte** gespeichert werden und wird in einem **Word** gespeichert, sprich die nächstmögliche Größe, mit der Länge **16 Bits.**

Eine binäre Zahl, die aus 16 booleschen Ziffern besteht, kann in einem **Word** gespeichert werden.

Eine binäre Zahl, die aus 17 booleschen Ziffern besteht, kann nicht in einem **Word** gespeichert werden, und wird in einem **DWord** gespeichert, sprich die nächstmögliche Größe, mit der Länge **32 Bits.**

Beispiel: 1011

Der Zahl 1011 besteht aus 4 **Bit**, daher passt sie nicht mehr in ein **Bit**, passt aber in ein **Byte**. Die 4 **Bit** werden in den ersten 4 **Bit** von rechts nach links gespeichert (entspricht hier den Bit-Nummern 0, 1, 2, 3).

Die restlichen leeren Bits links mit den Nummern 4, 5, 6, 7 werden mit **NULLEN** gefüllt.

0	0	0	0	1	0	1	1

Zusammenfassung:

1 Bit ist die kleinste Speichereinheit
1 BYTE enthält 8 **Bit**
1 WORD enthält 16 **Bit** (**2 BYTE**)
1 DWORD enthält 32 **Bit** (**2 WORD**)

4. Zahlensysteme

Zahlensysteme sind ein wichtiger Baustein in der SPS Programmierung, was unbedingt als Basiswissen gesehen und am Anfang der SPS Lehre verstanden werden muss.

In der SPS Technik gibt es drei wichtige Zahlensysteme:

1. Binärsystem

2. Dezimalsystem

3. Hexadezimalsystem

4.1 Wozu benötigen wir die Zahlensysteme in der SPS Programmierung?

Bevor wir mit der ausführlichen Erklärung der unterschiedlichen Zahlensysteme Binärsystem, Dezimalsystem und Hexadezimalsystem anfangen, machen wir eine Einführung, um zu erklären, wozu wir die Zahlensysteme überhaupt benötigen.

4.1.1 Wozu benötigen wir das Binärsystem?

Für die SPS!

Die CPU einer SPS arbeitet digital, also mit 0 und 1, und versteht nichts von Dezimalzahlen, auch nichts von Hexadezimalzahlen. Daher wird das Binärsystem verwendet, um die in dem SPS Speicher liegenden digitalen Zahlen zu interpretieren. Die Darstellung der Binärzahlen im Binärsystem wird als Basis für die Umwandlung in und aus anderen Zahlensystemen, wie zum Beispiel dem Dezimalsystem, benutzt, um Binärzahlen als Dezimalzahlen und umgekehrt, Dezimalzahlen als Binärzahlen, darzustellen.

4.1.2 Wozu benötigen wir das Dezimalsystem?

Für uns Menschen!

Der Mensch ist an Dezimalzahlen gewöhnt, da das Dezimalsystem von der Menschheit bereits seit Jahrtausenden genutzt wird und es das Standardsystem zur Bezeichnung ganzer und nicht ganzer Zahlen ist. Mit einer großen Folge von Nullen und Einsen, welche in einem SPS-Speicher vorkommen, kann der Mensch in der Regel nicht viel anfangen.

Darum wird das Dezimalsystem für die Interpretation und Darstellung von Dezimalzahlen genutzt.

4.1.3 Wozu benötigen wir das Hexadezimalsystem?

Für SPS Fachleute!

Um die Frage zu beantworten, denken wir an eine durch die SPS gesteuerte Anlage. Nehmen wir an, ein Fehler ist gegeben, der Fehlercode lautet: **W#16#823A.** Die Zahl 16 steht hier für hexadezimal und **823A** ist der Fehlercode. Dieser Code entspricht binär: **1000 0010 0011 1010.** Nehmen wir an, dass der Mitarbeiter, der vor der Anlage steht, aus einem Grund diesen Fehlercode einem anderen Kollegen telefonisch weitergeben will und versucht die binäre Version des Fehlercodes zu übermitteln. Es wird aufwendig und nicht nachvollziehbar. Es ist einfacher, wenn er den Fehlercode als Hexadezimalzahl weitergibt. Hexadezimalzahlen helfen Fachleuten dabei, besser untereinander zu kommunizieren. In einem Fehlerkatalog kann man so die Erklärung für den Fehlercode herausfinden und die Fehlerursache erkennen.

Eine Hexadezimalzahl kann größere Zahlen kürzer darstellen, kürzer als Binärzahlen und Dezimalzahlen. So können größere Werte kleiner dargestellt werden, die Dezimalzahl 15 wird wie folgt betrachtet:

Hexadezimalsystem	Dezimalsystem	Binärsystem
F	15	1111

Die Darstellung der zweistelligen Dezimalzahl 15 kann als Hexadezimalzahl in nur einer Zahl **F** kodiert werden, sogar viel kleiner als die binäre Darstellung 1111, die aus 4 Stellen besteht.

Zusammenfassung:

1. Die CPU der SPS arbeitet digital und kann mit Dezimalzahlen und Hexadezimalzahlen nicht direkt etwas anfangen, demzufolge nutzen wir dafür das Binärsystem.

2. Der Mensch ist an den Umgang mit Dezimalzahlen gewohnt, deshalb nutzen wir im Alltag das Dezimalsystem.

3. Für SPS-Fachleute ist es einfacher die Datenkommunikation und -betrachtung mit Hexadezimalzahlen durchzuführen als mit großen Folgen von Nullen und Einsen. Denn eine Hexadezimalzahl kann größere Zahlen kürzer darstellen als Binärzahlen und Dezimalzahlen. Daher werden diese von der Fachebene zur Betrachtung von großen SPS-Datenströmen verwendet.

4.2 Binärzahlen

Die SPS arbeitet digital. Um in der SPS im Speicher liegende Daten zu interpretieren, benötigen wir das Binärsystem, welches auch Dualsystem genannt wird.

Das Dualsystem verwendet die Zahlen **0** und **1**, was eine Gesamtanzahl an Zahlen von **2** ist, und hat daher die **Basis 2.**

Dualzahlen können nur zwei Zustände haben, **0** oder **1**, **FALSE** oder **TRUE**, **keine Spannung liegt an** oder **Spannung liegt an**, was in der SPS Technik genutzt wird.

Wir betrachten einen Byte mit folgendem Inhalt: **1111 0110.**

Stellenwert

Die Stellen in der Ziffernfolge einer Binärzahl werden von rechts nach links betrachtet.

Da das Binärsystem die Basis 2 hat, wird jeder Stelle in der Ziffernfolge ein Stellenwert in Form einer Zweierpotenz zugewiesen. Die Ziffer ganz rechts hat den kleinsten Stellenwert 2^0, bei jeder weiteren Stelle nach links wird der Stellenwert 2-mal größer. Die Ziffer ganz links hat den größten Stellenwert, in diesem Beispiel 2^7.

Die 0 ganz rechts steht an der ersten Stelle,
ihr Stellenwert ist 2^0.

Eine Stelle weiter links steht die 1 an zweiter Stelle,
ihr Stellenwert ist 2^1.

Eine Stelle nach links steht die 1 an dritter Stelle,
ihr Stellenwert ist 2^2.

Eine Stelle nach links steht die 0 an vierter Stelle,
ihr Stellenwert ist 2^3.

Eine Stelle nach links steht die 1 an fünfter Stelle,
ihr Stellenwert ist 2^4.

Eine Stelle nach links steht die 1 an sechster Stelle,
ihr Stellenwert ist 2^5.

Eine Stelle nach links steht die 1 an siebter Stelle,
ihr Stellenwert ist 2^6.

Eine Stelle nach links steht die 1 an achter Stelle,
ihr Stellenwert ist 2^7.

Ziffer	1	1	1	1	0	1	1	0
Stellenwert	2^7	2^6	2^5	2^4	2^3	2^2	2^1	2^0

Was bedeutet die Binärzahl 1111 0110 als Dezimal?

Jede Ziffer wird mit dem entsprechenden Stellenwert multipliziert und anschließend werden alle Zahlenglieder addiert.

Die Binärzahlen werden von rechts nach links betrachtet und haben

die Basis 2.

Die 0 ganz rechts, steht an der ersten Stelle,
ihr Wert ist 0×2^0.

Eine Stelle nach links steht die 1 an der zweiten Stelle,
ihr Wert ist 1×2^1.

Eine Stelle nach links steht die 1 an der dritten Stelle,
ihr Wert ist 1×2^2.

Eine Stelle nach links steht die 0 an der vierten Stelle,
ihr Wert ist $0x2^3$.

Eine Stelle nach links steht die 1 an der fünften Stelle,
ihr Wert ist $1x2^4$.

Eine Stelle nach links steht die 1 an der sechsten Stelle,
ihr Wert ist $1x2^5$.

Eine Stelle nach links steht die 1 an der siebten Stelle,
ihr Wert ist $1x2^6$.

Eine Stelle nach links steht die 1 an der achten Stelle,
ihr Wert ist $1x2^7$.

Ziffer	1	1	1	1	0	1	1	0
Stellenwert	2^7	2^6	2^5	2^4	2^3	2^2	2^1	2^0
Dezimalzahl	$1*2^7 +$	$1*2^6 +$	$1*2^5 +$	$1*2^4 +$	$0*2^3 +$	$1*2^2 +$	$1*2^1 +$	$0*2^0$

Entwicklung der Zweierpotenz und der Addition

Ziffer	1	1	1	1	0	1	1	0
Stellenwert	2^7	2^6	2^5	2^4	2^3	2^2	2^1	2^0
Dezimalzahl	$1*2^7 +$	$1*2^6 +$	$1*2^5 +$	$1*2^4 +$	$0*2^3 +$	$1*2^2 +$	$1*2^1 +$	$0*2^0$
	$1*128 +$	$1*64 +$	$1*32 +$	$1*16 +$	$0*8 +$	$1*4 +$	$1*2 +$	$0*1$

Entwicklung der Addition

Ziffer	1	1	1	1	0	1	1	0
Stellenwert	2^7	2^6	2^5	2^4	2^3	2^2	2^1	2^0
Dezimalzahl	$1*2^7 +$	$1*2^6 +$	$1*2^5 +$	$1*2^4 +$	$0*2^3 +$	$1*2^2 +$	$1*2^1 +$	$0*2^0$
	$1*128 +$	$1*64 +$	$1*32 +$	$1*16 +$	$0*8 +$	$1*4 +$	$1*2 +$	$0*1$
	$128 +$	$64 +$	$32 +$	$16 +$	$0 +$	$4 +$	$2 +$	0

Berechnung der Dezimalzahl

Ziffer	1	1	1	1	0	1	1	0
Stellenwert	2^7	2^6	2^5	2^4	2^3	2^2	2^1	2^0
Dezimalzahl	$1*2^7 +$	$1*2^6 +$	$1*2^5 +$	$1*2^4 +$	$0*2^3 +$	$1*2^2 +$	$1*2^1 +$ $0*2^0$	
	$1*128 +$	$1*64 +$	$1*32 +$	$1*16 +$	$0*8 +$	$1*4 +$	$1*2 +$	$0*1$
	$128 +$	$64 +$	$32 +$	$16 +$	$0 +$	$4 +$	$2 +$	0
	246							

Zusammenfassung

Schritt 1:

Die Dualzahlen werden von rechts nach links betrachtet.

Ganz rechts befindet sich die Ziffer mit dem kleinsten Stellenwert, jede Stelle nach links wird der Stellenwert zweimal größer, und ganz links befindet sich die Ziffer mit dem größten Stellenwert.

Schritt 2:

Für jede Stelle in der Ziffernfolge wird der zugewiesene Stellenwert mit der stehenden Ziffer multipliziert, zum Schluss werden alle Zahlenglieder addiert.

Beispiel 1:   Ein Byte mit folgendem Inhalt: 0101 0111

Ziffer	0	1	0	1	0	1	1	1
Stellenwert	2^7	2^6	2^5	2^4	2^3	2^2	2^1	2^0
Dezimalzahl	$0*2^7 +$	$1*2^6 +$	$0*2^5 +$	$1*2^4 +$	$0*2^3 +$	$1*2^2 +$	$1*2^1 +$	$1*2^0$
	$0*128 +$	$1*64 +$	$0*32 +$	$1*16 +$	$0*8 +$	$1*4 +$	$1*2 +$	$1*1$
	$0 +$	$64 +$	$0 +$	$16 +$	$0 +$	$4 +$	$2 +$	1
	87							

Beispiel 2:   Ein Byte mit folgendem Inhalt: 0000 0000

Ziffer	0	0	0	0	0	0	0	0
Stellenwert	2^7	2^6	2^5	2^4	2^3	2^2	2^1	2^0
Dezimalzahl	$0*2^7 +$	$0*2^6 +$	$0*2^5 +$	$0*2^4 +$	$0*2^3 +$	$0*2^2 +$	$0*2^1 +$	$0*2^0$
	$0*128 +$	$0*64 +$	$0*32 +$	$0*16 +$	$0*8 +$	$0*4 +$	$0*2 +$	$0*1$
	$0 +$	$0 +$	$0 +$	$0 +$	$0 +$	$0 +$	$0 +$	0
	0							

Beispiel 3:   Ein Byte mit folgendem Inhalt: 1111 1111

Ziffer	1	1	1	1	1	1	1	1
Stellenwert	2^7	2^6	2^5	2^4	2^3	2^2	2^1	2^0
Dezimalzahl	$1*2^7 +$	$1*2^6 +$	$1*2^5 +$	$1*2^4 +$	$1*2^3 +$	$1*2^2 +$	$1*2^1 +$	$1*2^0$
	$1*128 +$	$1*64 +$	$1*32 +$	$1*16 +$	$1*8 +$	$1*4 +$	$1*2 +$	$1*1$
	$128 +$	$64 +$	$32 +$	$16 +$	$8 +$	$4 +$	$2 +$	1
	255							

Ein **Byte** kann Zahlen von **0** bis **255** speichern.

Analog dazu können der minimale Wert und der maximale Wert eines **Word** und **DWord** berechnet werden.

Schlussfolgerung:

1 Byte kann Dezimalzahlen von 0 bis 255 speichern.
1 Word kann Dezimalzahlen von 0 bis 65.535 speichern.
1   DWord kann Dezimalzahlen von 0 bis 4.294.967.295 speichern.

4.3 Dezimalzahlen

Wir Menschen nutzen Dezimalzahlen bereits seit tausenden Jahren. Daher können wir sehr gut damit umgehen, zum Beispiel skalieren wir mit 20 Grad Celsius die Temperatur.

Das Dezimalsystem verwendet die Ziffern **0, 1, 2, 3, 4, 5, 6, 7, 8, 9**. Die Anzahl aller benutzten Ziffern ist **10**, daher ist die **Basis** dieses Zahlensystems die **10**.

Beispiel: Dezimalzahl 1981

Stellung

Die Dezimalzahlen werden von rechts nach links betrachtet, und haben die Basis 10.

Die 1 ganz rechts, steht an der ersten Stelle (EINER),
ihr Wert ist 1x1=1.

Eine Stelle nach links steht die 8 an der zweiten Stelle (ZEHNER).
Ihr Wert ist 8x10= 80.

Eine Stelle nach links steht die 9 an der dritten Stelle (HUNDERTER),
ihr Wert ist 9x100=900.

Eine Stelle nach links steht die 1 an der vierten Stelle (TAUSENDER),
ihr Wert ist 1x1000= 1000.

Für die Zahl 1981 ergibt sich: 1981 = 1x1000 + 9x100 + 8x10 + 1x1

$$= 1 \times 10^3 \quad + 9 \times 10^2 + 8 \times 10^1 + 1 \times 10^0$$

Ziffer	1	9	8	1
Stellung	**TAUSENDER**	**HUNDERTER**	**ZEHNER**	**EINER**

Stellenwert

Die Stellen in der Ziffernfolge einer Dezimalzahl werden von rechts nach links betrachtet.

Da das Dezimalsystem die Basis 10 hat, wird jeder Stelle in der Ziffernfolge ein Stellenwert in Form ein Zehner-Potenz zugewiesen. Die Ziffer ganz rechts hat den kleinsten Stellenwert 10^0, jede Stelle nach links wird der Stellenwert 10-mal größer, die Ziffer ganz links hat den größten Stellenwert, in diesem Beispiel 10^3.

Die 1 ganz rechts steht an der ersten Stelle, ihr Stellenwert ist 10^0.

Eine Stelle nach links steht die 8 an der zweiten Stelle,
ihr Stellenwert ist 10^1.

Eine Stelle nach links steht die 9 an der dritten Stelle,
ihr Stellenwert ist 10^2.

Eine Stelle nach links steht die 1 an der vierten Stelle,
ihr Stellenwert ist 10^3.

Ziffer	1	9	8	1
Stellung	TAUSENDER	HUNDERTER	ZEHNER	EINER
Stellenwert	10^3	10^2	10^1	10^0

Wie wird diese Zahl im Dezimalsystem dargestellt?

Jede Ziffer wird mit dem entsprechenden Stellenwert multipliziert und abschließend werden alle Zahlenglieder addiert.

Ziffer	1	9	8	1
Stellung	TAUSENDER	HUNDERTER	ZEHNER	EINER
Stellenwert	10^3	10^2	10^1	10^0
Dezimalzahl	$1*10^3$ +	$9*10^2$ +	$8*10^1$ +	$1*10^0$

Entwicklung der Addition

Ziffer	1	9	8	1
Stellung	TAUSENDER	HUNDERTER	ZEHNER	EINER

Stellenwert	10^3		10^2		10^1		10^0
Dezimalzahl	$1*10^3$	+	$9*10^2$	+	$8*10^1$	+	$1*10^0$
	1*1000	+	**9*100**	+	**8*10**	+	**1*1**

Entwicklung der Addition

Ziffer	1		9		8		1
Stellung	TAUSENDER		HUNDERTER		ZEHNER		EINER
Stellenwert	10^3		10^2		10^1		10^0
Dezimalzahl	$1*10^3$	+	$9*10^2$	+	$8*10^1$	+	$1*10^0$
	$1*1000$	+	$9*100$	+	$8*10$	+	$1*1$
	1000	+	**900**	+	**80**	+	**1**

Entwicklung der Addition

Ziffer	1		9		8		1
Stellung	TAUSENDER		HUNDERTER		ZEHNER		EINER
Stellenwert	10^3		10^2		10^1		10^0
Dezimalzahl	$1*10^3$	+	$9*10^2$	+	$8*10^1$	+	$1*10^0$
	$1*1000$	+	$9*100$	+	$8*10$	+	$1*1$
	1000	+	900	+	80	+	1
	1981						

Beispiel 1: 56438

Stellung

Die Dezimalzahlen werden von rechts nach links betrachtet.

Die 8 ganz rechts steht an der ersten Stelle (EINER),
ihr Wert ist 8x1=8.

Eine Stelle nach links steht die 3 an der zweiten Stelle (ZEHNER).
Ihr Wert ist 3x10= 30.

Eine Stelle nach links steht die 4 an der dritten Stelle (HUNDERTER),
ihr Wert ist 4x100=400.

Eine Stelle nach links steht die 6 an der vierten Stelle (TAUSENDER),
ihr Wert ist 6x1000= 6000.

Eine Stelle nach links steht die 5 an der fünften Stelle (ZEHNTAUSENDER),
ihr Wert ist 5x10000= 50000.

Für die Zahl **56438** ergibt sich:

$$56438 = 5\text{x}10000 + 6\text{x}1000 + 4\text{x}100 + 3\text{x}10 + 8\text{x}1$$

$$= 5\text{x}10^4 + 6\text{x}10^3 + 4\text{x}10^2 + 3\text{x}10^1 + 8\text{x}10^0$$

Ziffer	5	6	4	3	8
Stellung	ZEHNTAUSENDER	TAUSENDER	HUNDERTER	ZEHNER	EINER

Stellenwert

Die Ziffer ganz rechts hat den kleinsten Stellenwert 10^0. Jede Stelle nach links wird der Stellenwert 10-mal größer. Die Ziffer ganz links hat den größten Stellenwert, in diesem Beispiel 10^4.

Die 8 ganz rechts steht an der ersten Stelle,
ihr Stellenwert ist 10^0.

Eine Stelle nach links steht die 3 an der zweiten Stelle,
ihr Stellenwert ist 10^1.

Eine Stelle nach links steht die 4 an der dritten Stelle,
ihr Stellenwert ist 10^2.

Eine Stelle nach links steht die 6 an der vierten Stelle,
ihr Stellenwert ist 10^3.

Eine Stelle nach links steht die 5 an der fünften Stelle,
ihr Stellenwert ist 10^4.

Ziffer	5	6	4	3	8
Stellung	ZEHNTAUSENDER	TAUSENDER	HUNDERTER	ZEHNER	EINER
Stellenwert	10^4	10^3	10^2	10^1	10^0

Dezimale Darstellung

Jede Ziffer wird mit dem entsprechenden Stellenwert multipliziert und anschließend alle addiert.

Ziffer	5	6	4	3	8
Stellung	ZEHNTAUSENDER	TAUSENDER	HUNDERTER	ZEHNER	EINER
Stellenwert	10^4	10^3	10^2	10^1	10^0
Dezimalzahl	$5*10^4$ +	$6*10^3$ +	$4*10^2$ +	$3*10^1$ +	$8*10^0$

Entwicklung der Addition

Ziffer	5	6	4	3	8
Stellung	ZEHNTAUSENDER	TAUSENDER	HUNDERTER	ZEHNER	EINER

Stellenwert	10^4		10^3		10^2		10^1		10^0
Dezimalzahl	$5*10^4$	+	$6*10^3$	+	$4*10^2$	+	$3*10^1$	+	$8*10^0$
	$5*10000$	+	$6*1000$	+	$4*100$	+	$3*10$	+	$8*1$

Entwicklung der Addition

Ziffer	5	6	4	3	8
Stellung	ZEHNTAUSENDER	TAUSENDER	HUNDERTER	ZEHNER	EINER
Stellenwert	10^4	10^3	10^2	10^1	10^0
Dezimalzahl	$5*10^4$ +	$6*10^3$ +	$4*10^2$ +	$3*10^1$ +	$8*10^0$
	$5*10000$ +	$6*1000$ +	$4*100$ +	$3*10$ +	$8*1$
	50000 +	**6000** +	**400** +	**30** +	**8**

Entwicklung der Addition

Ziffer	5	6	4	3	8
Stellung	ZEHNTAUSENDER	TAUSENDER	HUNDERTER	ZEHNER	EINER
Stellenwert	10^4	10^3	10^2	10^1	10^0
Dezimalzahl	$5*10^4$ +	$6*10^3$ +	$4*10^2$ +	$3*10^1$ +	$8*10^0$
	$5*10000$ +	$6*1000$ +	$4*100$ +	$3*10$ +	$8*1$
	50000 +	6000 +	400 +	30 +	8
			56438		

Beispiel 2: 99999

Stellung

Die Dezimalzahlen werden von rechts nach links betrachtet.

Die 9 ganz rechts steht an der ersten Stelle (EINER),
ihr Wert ist 9x1=9.

Eine Stelle nach links steht die 9 an der zweiten Stelle (ZEHNER).
Ihr Wert ist 9x10= 90.

Eine Stelle nach links steht die 9 an der dritten Stelle (HUNDERTER),
ihr Wert ist 9x100=900.

Eine Stelle nach links steht die 9 an der vierten Stelle (TAUSENDER),
ihr Wert ist 9x1000=9000.

Eine Stelle nach links steht die 9 an der fünften Stelle (ZEHNTAUSENDER),
ihr Wert ist 9x10000=90000.

Für die Zahl **99999** ergibt sich:

99999 $= 9 \times 10000 + 9 \times 1000 + 9 \times 100 + 9 \times 10 + 9 \times 1$

$\qquad = 9 \times 10^4 \quad + 9 \times 10^3 \quad + 9 \times 10^2 \quad + 9 \times 10^1 + 9 \times 10^0$

Ziffer	9	9	9	9	9
Stellung	**ZEHNTAUSENDER**	**TAUSENDER**	**HUNDERTER**	**ZEHNER**	**EINER**

Stellenwert

Die Stellen in der Ziffernfolge einer Dezimalzahl werden von rechts nach links betrachtet.

Da das Dezimalsystem als Basis die 10 hat, wird jeder Stelle in der Ziffernfolge ein Stellenwert in Form ein Zehnerpotenz zugewiesen. Die Ziffer ganz rechts hat den kleinsten Stellenwert 10^0. Jede weitere Stelle nach links wird der Stellenwert 10-mal größer. Die Ziffer ganz links hat den größten Stellenwert, in diesem Beispiel 10^4.

Die 9 ganz rechts steht an der ersten Stelle,

ihr Stellenwert ist 10^0.

Eine Stelle nach links steht die 9 an der zweiten Stelle,
ihr Stellenwert ist 10^1.

Eine Stelle nach links steht die 9 an der dritten Stelle,
Ihr Stellenwert ist 10^2.

Eine Stelle nach links steht die 9 an der vierten Stelle,
ihr Stellenwert ist 10^3.

Eine Stelle nach links steht die 9 an der fünften Stelle,
ihr Stellenwert ist 10^4.

Ziffer	9	9	9	9	9
Stellung	ZEHNTAUSENDER	TAUSENDER	HUNDERTER	ZEHNER	EINER
Stellenwert	10^4	10^3	10^2	10^1	10^0

Dezimale Darstellung

Jede Ziffer wird mit dem entsprechenden Stellenwert multipliziert und anschließend alle addiert.

Ziffer	9	9	9	9	9

Stellung	ZEHNTAUSENDER	TAUSENDER	HUNDERTER	ZEHNER	EINER
Stellenwert	10^4	10^3	10^2	10^1	10^0
Dezimalzahl	$9*10^4$ +	$9*10^3$ +	$9*10^2$ +	$9*10^1$ +	$9*10^0$

Entwicklung der Addition

Ziffer	9	9	9	9	9
Stellung	ZEHNTAUSENDER	TAUSENDER	HUNDERTER	ZEHNER	EINER
Stellenwert	10^4	10^3	10^2	10^1	10^0
Dezimalzahl	$9*10^4$ +	$9*10^3$ +	$9*10^2$ +	$9*10^1$ +	$9*10^0$
	9*10000 +	**9*1000** +	**9*100** +	**9*10** +	**9*1**

Entwicklung der Addition

Ziffer	9	9	9	9	9
Stellung	ZEHNTAUSENDER	TAUSENDER	HUNDERTER	ZEHNER	EINER
Stellenwert	10^4	10^3	10^2	10^1	10^0
Dezimalzahl	$9*10^4$ +	$9*10^3$ +	$9*10^2$ +	$9*10^1$ +	$9*10^0$
	$9*10000$ +	$9*1000$ +	$9*100$ +	$9*10$ +	$9*1$
	90000 +	**9000** +	**900** +	**90** +	**9**

Entwicklung der Addition

Ziffer	9	9	9	9	9
Stellung	ZEHNTAUSENDER	TAUSENDER	HUNDERTER	ZEHNER	EINER
Stellenwert	10^4	10^3	10^2	10^1	10^0
Dezimalzahl	$9*10^4$ +	$9*10^3$ +	$9*10^2$ +	$9*10^1$ +	$9*10^0$
	$9*10000$ +	$9*1000$ +	$9*100$ +	$9*10$ +	$9*1$
	90000 +	9000 +	900 +	90 +	9
	99999				

Beispiel 3: 887878

Stellung

Die Dezimalzahlen werden von rechts nach links betrachtet.

Die 8 ganz rechts steht an der ersten Stelle (EINER),
ihr Wert ist 8x1=8.

Eine Stelle nach links steht die 7 in der zweiten Stelle (ZEHNER),
ihr Wert ist 7x10= 70.

Eine Stelle nach links steht die 8 an der dritten Stelle (HUNDERTER),
ihr Wert ist 8x100=800.

Eine Stelle nach links steht die 7 an der vierten Stelle (TAUSENDER),
ihr Wert ist 7x1000=7000.

Eine Stelle nach links steht die 8 an der fünften Stelle (ZEHNTAUSENDER),
ihr Wert ist 8x10000=80000.

Eine Stelle nach links steht die 8 an der sechsten Stelle
(HUNDERTTAUSENDER),
ihr Wert ist 8x100000=800000.

Für die Zahl **887878,** ergibt sich:

887878 $= 8x100000 + 8x10000 + 7x1000 + 8x100 + 7x10 + 8x1$

$\quad\quad\quad = 8x10^5 \quad + 8x10^4 \quad + 7x10^3 + 8x10^2 + 7x10^1 + 8x10^0$

Ziffer	8	8	7	8	7	8
Stellung	**HUNDERT-TAUSENDER**	**ZEHN-TAUSENDER**	**TAUSENDER**	**HUNDERTER**	**ZEHNER**	**EINER**

Stellenwert

Die Ziffer ganz rechts hat den kleinsten Stellenwert 10^0, Jede Stelle nach links
wird der Stellenwert 10-mal größer, die Ziffer ganz links hat den größten
Stellenwert, in diesem Beispiel 10^5.

Die 8 ganz rechts steht an der ersten Stelle,
ihr Stellenwert ist 10^0.

Eine Stelle nach links steht die 7 an der zweiten Stelle,
ihr Stellenwert ist 10^1.

Eine Stelle nach links steht die 8 an der dritten Stelle,
ihr Stellenwert ist 10^2.

Eine Stelle nach links steht die 7 an der vierten Stelle,
ihr Stellenwert ist 10^3.

Eine Stelle nach links steht die 8 an der fünften Stelle,
ihr Stellenwert ist 10^4.

Eine Stelle nach links steht die 8 an der sechsten Stelle,
ihr Stellenwert ist 10^5.

Ziffer	8	8	7	8	7	8
Stellung	HUNDERT-TAUSENDER	ZEHN-TAUSENDER	TAUSENDER	HUNDERTER	ZEHNER	EINER
Stellenwert	**10^5**	**10^4**	**10^3**	**10^2**	**10^1**	**10^0**

Dezimale Darstellung

Jede Ziffer wird mit dem entsprechenden Stellenwert multipliziert und anschließend alle addiert.

Ziffer	8	8	7	8	7	8
Stellung	HUNDERT-TAUSENDER	ZEHN-TAUSENDER	TAUSENDER	HUNDERTER	ZEHNER	EINER
Stellenwert	10^5	10^4	10^3	10^2	10^1	10^0
Dezimal	**$8*10^5$ +**	**$8*10^4$ +**	**$7*10^3$ +**	**$8*10^2$ +**	**$7*10^1$ +**	**$8*10^0$**

Entwicklung der Addition

Ziffer	8	8	7	8	7	8
Stellung	HUNDERT-TAUSENDER	ZEHN-TAUSENDER	TAUSENDER	HUNDERTER	ZEHNER	EINER
Stellenwert	10^5	10^4	10^3	10^2	10^1	10^0
Dezimal	$8*10^5$ +	$8*10^4$ +	$7*10^3$ +	$8*10^2$ +	$7*10^1$ +	$8*10^0$
	$8*100000$ +	**$8*10000$ +**	**$7*1000$ +**	**$8*100$ +**	**$7*10$ +**	**$8*1$**

Entwicklung der Addition

Ziffer	8	8	7	8	7	8
Stellung	HUNDERT-TAUSENDER	ZEHN-TAUSENDER	TAUSENDER	HUNDERTER	ZEHNER	EINER
Stellenwert	10^5	10^4	10^3	10^2	10^1	10^0
Dezimal	$8*10^5$ +	$8*10^4$ +	$7*10^3$ +	$8*10^2$ +	$7*10^1$ +	$8*10^0$
	$8*100000$ +	$8*10000$ +	$7*1000$ +	$8*100$ +	$7*10$ +	$8*1$
	800000 +	**80000 +**	**7000 +**	**800 +**	**70 +**	**8**

Entwicklung der Addition

Ziffer	8	8	7	8	7	8
Stellung	HUNDERT-TAUSENDER	ZEHN-TAUSENDER	TAUSENDER	HUNDERTER	ZEHNER	EINER
Stellenwert	10^5	10^4	10^3	10^2	10^1	10^0
Dezimal	$8*10^5$ +	$8*10^4$ +	$7*10^3$ +	$8*10^2$ +	$7*10^1$ +	$8*10^0$
	$8*100000$ +	$8*10000$ +	$7*1000$ +	$8*100$ +	$7*10$ +	$8*1$
	800000 +	80000 +	7000 +	800 +	70 +	8
	887878					

4.4 Hexadezimalzahlen

Das Hexadezimalsystem verwendet die Ziffern **0,1, 2, 3, 4, 5, 6, 7, 8, 9, A, B, C, D, E, F.** Insgesamt 16 Ziffern, daher ist die **Basis** des Hexadezimalsystems **16**.

Die Ziffern **0 bis 9** entsprechen den Dezimalzahlen. Die Buchstaben **A bis F** wurden zur Hilfe genommen, um die Dezimalzahlen **10, 11, 12, 13, 14, und 15,** anstatt in zwei Ziffern, nur mit einer Ziffer darzustellen, wie folgt definiert:

Die Zahl **A** im Hexadezimalsystem entspricht der **10** im Dezimalsystem.

Die Zahl **B** im Hexadezimalsystem entspricht der **11** im Dezimalsystem.

Die Zahl **C** im Hexadezimalsystem entspricht der **12** im Dezimalsystem.

Die Zahl **D** im Hexadezimalsystem entspricht der **13** im Dezimalsystem.

Die Zahl **E** im Hexadezimalsystem entspricht der **14** im Dezimalsystem.

Die Zahl **F** im Hexadezimalsystem entspricht der **15** im Dezimalsystem.

Mit diesen Buchstaben wird eine kleinere Darstellung der Zahlen erzielt, statt zwei Stellen wird auf eine Stelle begrenzt. **10** dezimal wird mit dem Buchstaben **A** hexadezimal dargestellt, so wird eine Stelle gespart.

Bemerkung: 13 Dezimal ist **D** Hexadezimal, und **13 Hexadezimal**, heißt nicht Dreizehn, sondern **1 und 3 Hexadezimal.**

Tetrade:

Eine **Tetrade** ist eine Kombination von **4 Binärstellen (4 Bit)**, zum Beispiel: 0000.

Alle Zahlen im Hexadezimalsystem werden **binär** durch **Tetradenbildung** dargestellt.

Hexadezimal	Dezimal	Berechnet mit Basis 2	Binär (Tetrade)
0	0	$0*2^3 + 0*2^2 + 0*2^1 + 0*2^0$	0000
1	1	$0*2^3 + 0*2^2 + 0*2^1 + 1*2^0$	0001
2	2	$0*2^3 + 0*2^2 + 1*2^1 + 0*2^0$	0010
3	3	$0*2^3 + 0*2^2 + 1*2^1 + 1*2^0$	0011
4	4	$0*2^3 + 1*2^2 + 0*2^1 + 0*2^0$	0100

5	5	$0*2^3 + 1*2^2 + 0*2^1 + 1*2^0$	**0101**
6	6	$0*2^3 + 1*2^2 + 1*2^1 + 0*2^0$	**0110**
7	7	$0*2^3 + 1*2^2 + 1*2^1 + 1*2^0$	**0111**
8	8	$1*2^3 + 0*2^2 + 0*2^1 + 0*2^0$	**1000**
9	9	$1*2^3 + 0*2^2 + 0*2^1 + 1*2^0$	**1001**
A	10	$1*2^3 + 0*2^2 + 1*2^1 + 0*2^0$	**1010**
B	11	$1*2^3 + 0*2^2 + 1*2^1 + 1*2^0$	**1011**
C	12	$1*2^3 + 1*2^2 + 0*2^1 + 0*2^0$	**1100**
D	13	$1*2^3 + 1*2^2 + 0*2^1 + 1*2^0$	**1101**
E	14	$1*2^3 + 1*2^2 + 1*2^1 + 0*2^0$	**1110**
F	15	$1*2^3 + 1*2^2 + 1*2^1 + 1*2^0$	**1111**

Tabelle 4.4.T.1

Beispiel 1: B76F

Hexadezimalzahl	Binärzahl
B76F	

Tetraden Bildung (siehe Tabelle 4.4.T.1)

Hexadezimalzahl	Binärzahl
B 7 6 F	**1011 0111 0110 1111**

Was bedeutet Basis 16?

Das Hexadezimalsystem verwendet die Zahlen **0 bis 9 und A bis F**, Die Anzahl aller benutzten Ziffern ist **16**, und hat somit die **Basis 16**.

Hexadezimalzahlen werden von rechts nach links betrachtet.

Beispiel 1:   F4E7

Stellenwert

Die Stellen in der Ziffernfolge einer Hexadezimalzahl werden von rechts nach links betrachtet.

Da das Hexadezimalsystem die Basis 16 hat, wird jede Stelle in der Ziffernfolge ein Stellenwert in Form einer Sechzehner-Potenz zugewiesen. Die Ziffer ganz rechts hat den kleinsten Stellenwert 16^0. Jede Stelle nach links wird der Stellenwert 16-mal größer. Die Ziffer ganz links hat den größten Stellenwert, in diesem Beispiel 16^3.

Die Ziffer 7 ganz rechts hat den Stellenwert 16^0.

Eine Stelle nach links hat Ziffer E den Stellenwert 16^1.

Eine Stelle nach links hat Ziffer 4 den Stellenwert 16^2.

Eine Stelle nach links hat Ziffer F den Stellenwert 16^3.

Ziffer	F	4	E	7
Stellenwert	16^3	16^2	16^1	16^0

Wie berechnen wir die Dezimalzahl aus der Hexadezimalzahl F4E7?

Mit der Nutzung der Basis 16 können wir die entsprechende Dezimalzahl berechnen.

Jede **Ziffer** wird mit dem entsprechenden **Stellenwert** multipliziert und zum Schluss addiert.

Die Hexadezimalzahlen werden von rechts nach links betrachtet.

Die 7 ganz rechts steht an der ersten Stelle,
ihr Wert ist $7 \times 16^0 = 7 \times 1$.

Eine Stelle nach links steht das E an der zweiten Stelle,
sein Wert ist $E \times 16^1 = 14 \times 16^1 = 14 \times 16$.

Eine Stelle nach links steht die 4 an der dritten Stelle,
ihr Wert ist 4×16^2.

Eine Stelle nach links steht das F an der vierten Stelle,
sein Wert ist $F \times 16^3 = 15 \times 16^3$.

Ziffer	F		4		E		7
Stellenwert	16^3		16^2		16^1		16^0
Dezimalzahl	$F*16^3$	+	$4*16^2$	+	$E*16^1$	+	$7*16^0$

Entwicklung der Addition

Ziffer	F		4		E		7
Stellenwert	16^3		16^2		16^1		16^0
Dezimalzahl	$F*16^3$	+	$4*16^2$	+	$E*16^1$	+	$7*16^0$
	$15*4096$	+	$4*256$	+	$14*16$	+	$7*1$

Entwicklung der Addition

Ziffer	F		4		E		7
Stellenwert	16^3		16^2		16^1		16^0
Dezimalzahl	$F*16^3$	+	$4*16^2$	+	$E*16^1$	+	$7*16^0$

	15*4096	+	4*256	+	14*16	+	7*1
	61440	+	**1024**	+	**224**	+	**7**

Entwicklung der Addition

Ziffer	F		4		E		7
Stellenwert	16^3		16^2		16^1		16^0
Dezimalzahl	$F*16^3$	+	$4*16^2$	+	$E*16^1$	+	$7*16^0$
	15*4096	+	4*256	+	14*16	+	7*1
	61440	+	**1024**	+	**224**	+	**7**
	62695						

Ergebnis: $F4E7_{16} = 62695_{10}$

Beispiel 2:   3F78

Stellenwert

Die Ziffer ganz rechts hat den kleinsten Stellenwert 16^0. Jede Stelle nach links wird der Stellenwert 16-mal größer, die Ziffer ganz links hat den größten Stellenwert, in diesem Beispiel 16^3.

Ziffer 8 ganz rechts hat den Stellenwert 16^0.

Eine Stelle nach links hat Ziffer 7 den Stellenwert 16^1.

Eine Stelle nach links hat Ziffer F den Stellenwert 16^2.

Eine Stelle nach links hat Ziffer 3 den Stellenwert 16^3.

Ziffer	3	F	7	8
Stellenwert	16^3	16^2	16^1	16^0

Wie berechnen wir die Dezimalzahl aus der Hexadezimalzahl 3F78?

Mit der Nutzung der Basis 16 können wir die entsprechende Dezimalzahl berechnen.

Jede **Ziffer** wird mit dem entsprechenden **Stellenwert** multipliziert und zum Schluss addiert.

Die Hexadezimalzahlen werden von rechts nach links betrachtet.

Die 8 ganz rechts steht an der ersten Stelle,
ihr Wert ist $8 \times 16^0 = 8 \times 1$.

Eine Stelle nach links steht die 7 an der zweiten Stelle,
ihr Wert ist $7x16^1 = 7x16^1 = 7x16$.

Eine Stelle nach links steht F an der dritten Stelle,
ihr Wert ist $Fx16^2 = 15x16^2$.

Eine Stelle nach links steht die 3 an der vierten Stelle,
ihr Wert ist $3x16^3 = 3x16^3$.

Ziffer	3		F		7		8
Stellenwert	16^3		16^2		16^1		16^0
Dezimalzahl	**$3*16^3$**	**+**	**$F*16^2$**	**+**	**$7*16^1$**	**+**	**$8*16^0$**

Entwicklung der Addition

Ziffer	3		F		7		8
Stellenwert	16^3		16^2		16^1		16^0
Dezimalzahl	$3*16^3$	+	$F*16^2$	+	$7*16^1$	+	$8*16^0$
	3*4096	**+**	**15*256**	**+**	**7*16**	**+**	**8*1**

Entwicklung der Addition

Ziffer	3		F		7		8
Stellenwert	16^3		16^2		16^1		16^0
Dezimalzahl	$3*16^3$	+	$F*16^2$	+	$7*16^1$	+	$8*16^0$
	3*4096	+	15*256	+	7*16	+	8*1
	12288	**+**	**3840**	**+**	**112**	**+**	**8**

Entwicklung der Addition

Ziffer	3		F		7		8
Stellenwert	16^3		16^2		16^1		16^0
Dezimalzahl	$3*16^3$	+	$F*16^2$	+	$7*16^1$	+	$8*16^0$
	3*4096	+	15*256	+	7*16	+	8*1
	12288	+	3840	+	112	+	8
			16248				

Ergebnis: $3F78_{16} = 16248_{10}$

Beispiel 3:   AEFD

Stellenwert

Die Ziffer ganz rechts hat den kleinsten Stellenwert 16^0. Jede Stelle nach links wird der Stellenwert 16-mal größer, die Ziffer ganz links hat den größten Stellenwert, in diesem Beispiel 16^3.

Ziffer D ganz rechts hat den Stellenwert 16^0.

Eine Stelle nach links hat Ziffer F den Stellenwert 16^1.

Eine Stelle nach links hat Ziffer E den Stellenwert 16^2.

Eine Stelle nach links hat Ziffer A den Stellenwert 16^3.

Ziffer	A	E	F	D
Stellenwert	16^3	16^2	16^1	16^0

Wie berechnen wir die Dezimalzahl aus dem Hexadezimalzahl AEFD?

Mit der Nutzung der Basis 16 können wir die entsprechende **Dezimalzahl** berechnen.

Jede **Ziffer** wird mit dem entsprechenden **Stellenwert** multipliziert und zum Schluss addiert.

Die Hexadezimalzahlen werden von rechts nach links betrachtet.

Die Ziffer D ganz rechts steht an der ersten Stelle,
ihr Wert ist $Dx16^0 = 13x16^0 = 13x1$.

Eine Stelle nach links steht F an der zweiten Stelle,
ihr Wert ist $Fx16^1 = 15x16^1 = 15x16$.

Eine Stelle nach links steht E an der dritten Stelle,
ihr Wert ist $Ex16^2 = 14x16^2$.

Eine Stelle nach links steht A an der vierten Stelle,
ihr Wert ist $Ax16^3 = 10x16^3$.

Ziffer	A		E		F		D
Stellenwert	16^3		16^2		16^1		16^0
Dezimalzahl	$A*16^3$	+	$E*16^2$	+	$F*16^1$	+	$D*16^0$

Entwicklung der Addition

Ziffer	A		E		F		D
Stellenwert	16^3		16^2		16^1		16^0
Dezimalzahl	$A*16^3$	+	$E*16^2$	+	$F*16^1$	+	$D*16^0$

	10*4096	+	14*256	+	15*16	+	13*1

Entwicklung der Addition

Ziffer	A		E		F		D
Stellenwert	16^3		16^2		16^1		16^0
Dezimalzahl	$A*16^3$	+	$E*16^2$	+	$F*16^1$	+	$D*16^0$
	10*4096	+	14*256	+	15*16	+	13*1
	12288	+	**3840**	+	**112**	+	**8**

Entwicklung der Addition

Ziffer	3		F		7		8
Stellenwert	16^3		16^2		16^1		16^0
Dezimalzahl	$3*16^3$	+	$F*16^2$	+	$7*16^1$	+	$8*16^0$
	3*4096	+	15*256	+	7*16	+	8*1
	40960	+	3584	+	240	+	13
	44797						

Ergebnis: $AEFD_{16} = 44797_{10}$

4.5 Schreibweise der Zahlen bei Verwendung unterschiedlicher Zahlensysteme

Dualzahlen haben die Basis **2**, Dezimalzahlen haben die Basis **10**, und Hexadezimalzahlen haben die Basis **16**.

Um klarzustellen, ob die Zahl dual, dezimal, oder hexadezimal ist, wird die Basis tiefgestellt als Index an die Zahl geschrieben.

Beispiel

Dezimalzahl mit tiefgestellter Basis 10	Hexadezimalzahl mit tiefgestellter Basis 16	Binärzahl (Tetrade) mit tiefgestellter Basis 2
76_{10}	$4C_{16}$	$0100\ 1100_2$

$76_{10} = 4C_{16} = 0100\ 1100_2$

5. Umrechnen von Zahlensystemen

5.1 Umrechnung von Dualzahlen in Dezimalzahlen

5.1.1 Stellenwertmethode

Die Stellen in der Ziffernfolge einer Binärzahl werden von rechts nach links betrachtet.

Da das Binärsystem die Basis 2 hat, wird jeder Stelle in der Ziffernfolge ein Stellenwert in Form einer Zweierpotenz zugewiesen. Die Ziffer ganz Rechts hat den kleinsten Stellenwert 2^0, jede Stelle nach links wird der Stellenwert zweimal größer, die Ziffer ganz links hat den größten Stellenwert 2^n,

(n= Anzahl aller Ziffern in der Ziffernfolge – 1)

Die Umrechnung der Dualzahl in die Dezimalzahl erfolgt, indem wir jede **Ziffer** in der Ziffernfolge mit dem entsprechenden **Stellenwert** multiplizieren und anschließend alle addieren.

Beispiel 1: 1111 1110

Stellenwert

Die Ziffer ganz rechts hat den kleinsten Stellenwert 2^0. Jede Stelle nach links wird der Stellenwert zweimal größer, und die Ziffer ganz links hat den größten Stellenwert. In diesem Beispiel 2^7.

Zahl	1	1	1	1	1	1	1	0
Stellenwert	2^7	2^6	2^5	2^4	2^3	2^2	2^1	2^0
	128	64	32	16	8	4	2	1

Die Umrechnung der Dualzahl in die Dezimalzahl erfolgt, indem wir jede **Ziffer** mit dem entsprechenden **Stellenwert** multiplizieren und anschließend alle addieren.

Zahl	1	1	1	1	1	1	1	0
Stellenwert	2^7	2^6	2^5	2^4	2^3	2^2	2^1	2^0
	128	64	32	16	8	4	2	1
Dezimalzahl	128 +	64 +	32 +	16 +	8 +	4 +	2 +	0
	254							

Beispiel 1:   1110 0011

Stellenwert

Die Ziffer ganz rechts hat den kleinsten Stellenwert 2^0. Jede Stelle nach links wird der Stellenwert zweimal größer, und die Ziffer ganz links hat den größten Stellenwert. In diesem Beispiel 2^7.

Zahl	1	1	1	0	0	0	1	1
Stellenwert	2^7	2^6	2^5	2^4	2^3	2^2	2^1	2^0
	128	64	32	16	8	4	2	1

Die Umrechnung der Dualzahl in die Dezimalzahl erfolgt, indem wir jede **Ziffer** mit dem entsprechenden **Stellenwert** multiplizieren und anschließend alle addieren.

Zahl	1	1	1	0	0	0	1	1
Stellenwert	2^7	2^6	2^5	2^4	2^3	2^2	2^1	2^0
	128	64	32	16	8	4	2	1
Dezimalzahl	128 +	64 +	32 +	0 +	0 +	0 +	2 +	1
	227							

Beispiel 2:   1010 1000

Die Ziffer ganz rechts hat den kleinsten Stellenwert 2^0. Jede Stelle nach links wird der Stellenwert zweimal größer, und die Ziffer ganz links hat den größten Stellenwert. In diesem Beispiel 2^7.

Zahl	1	0	1	0	1	0	0	0
Stellenwert	2^7	2^6	2^5	2^4	2^3	2^2	2^1	2^0
	128	64	32	16	8	4	2	1

Die Umrechnung der Dualzahl in die Dezimalzahl erfolgt, indem wir jede **Ziffer** mit dem entsprechenden **Stellenwert** multiplizieren und anschließend alle addieren.

Zahl	1	0	1	0	1	0	0	0
Stellenwert	2^7	2^6	2^5	2^4	2^3	2^2	2^1	2^0
	128	64	32	16	8	4	2	1
Dezimalzahl	**128**	**+ 0**	**+ 32**	**+ 0**	**+ 8**	**+ 0**	**+ 0**	**+ 0**
	168							

Beispiel 3: 0100 1100

Die Ziffer ganz rechts hat den kleinsten Stellenwert 2^0. Jede Stelle nach links wird der Stellenwert zweimal größer, und die Ziffer ganz links hat den größten Stellenwert. In diesem Beispiel 2^7.

Zahl	0	1	0	0	1	1	0	0
Stellenwert	2^7	2^6	2^5	2^4	2^3	2^2	2^1	2^0
	128	**64**	**32**	**16**	**8**	**4**	**2**	**1**

Die Umrechnung der Dualzahl in die Dezimalzahl erfolgt, indem wir jede **Ziffer** mit dem entsprechenden **Stellenwert** multiplizieren und anschließend alle addieren.

Zahl	0	1	0	0	1	1	0	0
Stellenwert	2^7	2^6	2^5	2^4	2^3	2^2	2^1	2^0
	128	64	32	16	8	4	2	1
Dezimalzahl	**0**	**+ 64**	**+ 0**	**+ 0**	**+ 8**	**+ 4**	**+ 0**	**+ 0**
	76							

5.2 Umrechnung von Dezimalzahlen in Dualzahlen

5.2.1 Divisionsmethode

Bei der Umrechnung einer Dezimalzahl in eine Dualzahl wird die Dezimalzahl durch 2 dividiert und der Rest der Division (0 oder 1) aufgeschrieben. Das Ergebnis dieser Division wird noch mal durch 2 dividiert und der Rest der Division (0 oder 1) aufgeschrieben. Die Operation wird wiederholt, bis das Ergebnis der Division 0 wird. Zum Schluss werden die Reste der Divisionen von unten nach oben gelesen und von links nach rechts aufgeschrieben.

Um diese besser zu verstehen, wandeln wir die Dezimalzahl 240 in eine Dualzahl um.

240 dividiert durch 2 ergibt 120, der Rest ist 0.

Zahl	/	Ergebnis	Rest
240	**2**	**120**	**0**

Das Ergebnis 120 wird auch durch 2 dividiert, das Ergebnis ist 60 und der Rest 0.

Zahl	/	Ergebnis	Rest
240	2	120	0
120	**2**	**60**	**0**

Das Ergebnis 60 wird auch durch 2 dividiert, das Ergebnis ist 30 und der Rest 0.

Zahl	/	Ergebnis	Rest
240	2	120	0
120	2	60	0
60	**2**	**30**	**0**

Das Ergebnis 30 wird auch durch 2 dividiert, das Ergebnis ist 15 und der Rest 0.

Zahl	/	Ergebnis	Rest
240	2	120	0
120	2	60	0
60	2	30	0
30	**2**	**15**	**0**

Das Ergebnis 15 wird auch durch 2 dividiert, das Ergebnis ist 7 und der Rest 1.

Zahl	/	Ergebnis	Rest
240	2	120	0
120	2	60	0
60	2	30	0
30	2	15	0
15	**2**	**7**	**1**

Das Ergebnis 7 wird auch durch 2 dividiert, das Ergebnis ist 3 und der Rest 1.

Zahl	/	Ergebnis	Rest
240	2	120	0

120	2	60	0
60	2	30	0
30	2	15	0
15	2	7	1
7	**2**	**3**	**1**

Das Ergebnis 3 wird auch durch 2 dividiert, das Ergebnis ist 1
und der Rest 1.

Zahl	/	Ergebnis	Rest
240	2	120	0
120	2	60	0
60	2	30	0
30	2	15	0
15	2	7	1
7	2	3	1
3	**2**	**1**	**1**

Das Ergebnis 1 wird auch durch 2 dividiert, das Ergebnis ist **0**
und der Rest 1.

Zahl	/	Ergebnis	Rest
240	2	120	0
120	2	60	0
60	2	30	0
30	2	15	0
15	2	7	1
7	2	3	1
3	2	1	1
1	**2**	**0**	**1**

Mit **0** als Ergebnis der Division ist die Division beendet.

Der Rest aller Divisionen wird von unten nach oben gelesen und aufgeschrieben.

Zahl	/	Ergebnis	Rest	Ergebnis
240	2	120	0	
120	2	60	0	
60	2	30	0	Rest Leserichtung 1111 0000
30	2	15	0	
15	2	7	1	
7	2	3	1	
3	2	1	1	
1	2	0	1	

Das Ergebnis wird aus dem Rest der Division von unten nach oben gelesen und von links nach rechts aufgeschrieben: **1111 0000**.

240_{10} = 1111 0000$_2$

Beispiel 1: 176

Zahl	/	Ergebnis	Rest	Ergebnis
176	2	88	0	
88	2	44	0	
44	2	22	0	Rest Leserichtung 1011 0000
22	2	11	0	
11	2	5	1	
5	2	2	1	
2	2	1	0	
1	2	0	1	

Das Ergebnis wird aus dem Rest der Division von unten nach oben gelesen und von links nach rechts aufgeschrieben: **1011 0000**.

176_{10} = 1011 0000$_2$

Beispiel 2: 128

Zahl	/	Ergebnis	Rest	Ergebnis
128	2	64	0	
64	2	32	0	
32	2	16	0	
16	2	8	0	**1000 0000**
8	2	4	0	
4	2	2	0	
2	2	1	0	
1	2	**0**	1	

Das Ergebnis wird aus dem Rest der Division von unten nach oben gelesen und von links nach rechts geschrieben: **1000 0000**.

$128_{10} = 1000\ 0000_2$

Beispiel 3: 64000

Zahl	/	Ergebnis	Rest	Ergebnis
64000	2	32000	0	
32000	2	16000	0	
16000	2	8000	0	
8000	2	4000	0	**1111 1010 0000 0000**
4000	2	2000	0	
2000	2	1000	0	
1000	2	500	0	
500	2	250	0	
250	2	125	0	
125	2	62	1	
62	2	31	0	
31	2	15	1	
15	2	7	1	
7	2	3	1	
3	2	1	1	
1	2	**0**	1	

Das Ergebnis wird aus dem Rest der Division von unten nach oben gelesen und von links nach rechts geschrieben: **1111 1010 0000 0000**

$64000_{10} = 1111\ 1010\ 0000\ 0000_2$

1.3 Umrechnung von Hexadezimalzahlen in Dualzahlen

5.3.1 Tetradenbildung

Die Umrechnung der Hexadezimal in die entsprechende Dualzahl, wird durch Tetradenbildung realisiert.

Hexadezimal	Dezimal	Darstellung mit Basis 2	Tetrade
0	0	$0*2^3 + 0*2^2 + 0*2^1 + 0*2^0$	0000
1	1	$0*2^3 + 0*2^2 + 0*2^1 + 1*2^0$	0001
2	2	$0*2^3 + 0*2^2 + 1*2^1 + 0*2^0$	0010
3	3	$0*2^3 + 0*2^2 + 1*2^1 + 1*2^0$	0011
4	4	$0*2^3 + 1*2^2 + 0*2^1 + 0*2^0$	0100
5	5	$0*2^3 + 1*2^2 + 0*2^1 + 1*2^0$	0101
6	6	$0*2^3 + 1*2^2 + 1*2^1 + 0*2^0$	0110
7	7	$0*2^3 + 1*2^2 + 1*2^1 + 1*2^0$	0111
8	8	$1*2^3 + 0*2^2 + 0*2^1 + 0*2^0$	1000
9	9	$1*2^3 + 0*2^2 + 0*2^1 + 1*2^0$	1001
A	10	$1*2^3 + 0*2^2 + 1*2^1 + 0*2^0$	1010
B	11	$1*2^3 + 0*2^2 + 1*2^1 + 1*2^0$	1011
C	12	$1*2^3 + 1*2^2 + 0*2^1 + 0*2^0$	1100
D	13	$1*2^3 + 1*2^2 + 0*2^1 + 1*2^0$	1101
E	14	$1*2^3 + 1*2^2 + 1*2^1 + 0*2^0$	1110
F	15	$1*2^3 + 1*2^2 + 1*2^1 + 1*2^0$	1111

Tabelle 5.3.T.2

Wir betrachten die Hexadezimalzahl **FF3D**.

Tetradenbildung

Jeder Hexadezimalziffer die entsprechende Tetrade aus der (Tabelle 5.3.T.2) entnehmen:

Ziffer	F	F	3	D
Entsprechende Tetrade	**1111**	**1111**	**0011**	**1101**

Das Ergebnis: $FF3D_{16} = 1111\ 1111\ 0011\ 1101_2$

Beispiel 1: 3DF0

Tetraden Bildung

Jeder Hexadezimalziffer die entsprechende Tetrade aus der (Tabelle 5.3.T.2)

entnehmen:

Ziffer	3	D	F	0
Entsprechende Tetrade	**0011**	**1101**	**1111**	**0000**

Das Ergebnis: $3DF0_{16} = 0011\ 1101\ 1111\ 0000_2$

Beispiel 2: 46F3

Tetraden Bildung

Jeder Hexadezimalziffer die entsprechende Tetrade aus der Tabelle (5.3.T.2) entnehmen:

Ziffer	4	6	F	3
Entsprechende Tetrade	**0100**	**0110**	**1111**	**0011**

Das Ergebnis: $46F3_{16} = 0100\ 0110\ 1111\ 0011_2$

Beispiel 3: 98FE

Tetraden Bildung

Jeder Hexadezimalziffer die entsprechende Tetrade aus der (Tabelle 5.3.T.2) entnehmen:

Ziffer	9	8	F	E
Entsprechende Tetrade	**1001**	**1000**	**1111**	**1110**

Das Ergebnis: $98FE_{16} = 1001\ 1000\ 1111\ 1110_2$

5.4 Umrechnung von Dualzahlen in Hexadezimalzahlen

Tetradenbildung

Betrachten wir die folgende Tabelle, in der jeder hexadezimalen Ziffer die entsprechende Tetrade zugeordnet ist.

Hexadezimal	Tetrade
0	0000
1	0001
2	0010
3	0011
4	0100
5	0101
6	0110
7	0111
8	1000
9	1001
A	1010
B	1011
C	1100
D	1101
E	1110
F	1111

Für die Umrechnung der Dualzahl in die entsprechende Hexadezimalzahl, werden Tetraden gebildet.

Tabelle 5.4.T.3

Beispiel: 1111010100000001

Bildung von je 4 Binärstellen, die wie folgt separat von rechts nach links betrachtet werden:

1111 0101 0000 0001

⟵

Dualzahl	1111010100000001			
Tetradenbildung	**1111**	**0101**	**0000**	**0001**

Entsprechende Hexadezimalziffer aus (Tabelle 5.4.T.3)

Dualzahl	1111010100000001			
Tetradenbildung	1111	0101	0000	0001
Hexadezimal	**F**	**5**	**0**	**1**
Ergebnis	**F501**			

Beispiel 1: 0010001100000111

Bildung von je 4 Binärstellen, die wie folgt separat von rechts nach links betrachtet werden:

0010 0011 0000 0111

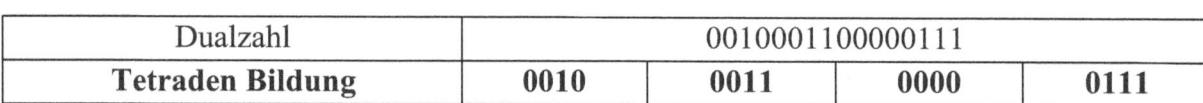

Dualzahl	0010001100000111			
Tetraden Bildung	**0010**	**0011**	**0000**	**0111**

Entsprechende Hexadezimalziffer aus (Tabelle 5.4.T.3)

Dualzahl	0010001100000111			
Tetraden Bildung	0010	0011	0000	0111
Hexadezimal	**2**	**3**	**0**	**7**
Ergebnis	**2307**			

Beispiel 2: 1010101111010111

Bildung von je 4 Binärstellen, die wie folgt separat von rechts nach links betrachtet werden:

1010 1011 1101 0111

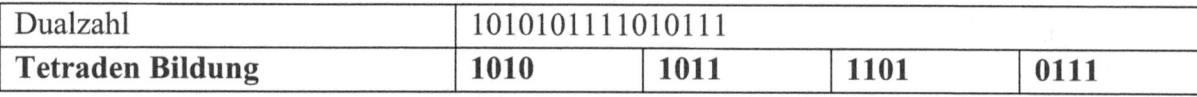

Dualzahl	1010101111010111			
Tetraden Bildung	**1010**	**1011**	**1101**	**0111**

Entsprechende Hexadezimalziffer aus Tabelle 5.4.T.3

Dualzahl	1010101111010111			
Tetraden Bildung	1010	1011	1101	0111
Hexadezimal	**A**	**B**	**D**	**7**
Ergebnis	**ABD7**			

Beispiel 3: 1110100011110001

Bildung von je 4 Binärstellen, die wie folgt separat von rechts nach links betrachtet werden:

1110 1000 1111 0001

◄━━━━━━━

Dualzahl	1110100011110001			
Tetraden Bildung	**1110**	**1000**	**1111**	**0001**

Entsprechende Hexadezimalziffer aus Tabelle 5.4.T.3

Dualzahl	1110100011110001			
Tetraden Bildung	1110	1000	1111	0001
Hexadezimal	**E**	**8**	**F**	**1**
Ergebnis	**E8F1**			

5.5 Umrechnung von Hexadezimalzahlen in Dezimalzahlen

Stellenwertmethode

Beispiel: BFF4

Stellenwert

Die Stellen in der Ziffernfolge einer Hexadezimalzahl werden von rechts nach links betrachtet.

Da die Hexadezimalzahl die Basis 16 hat, wird jeder Stelle in der Ziffernfolge ein Stellenwert in Form einer Sechszehner-Potenz zugewiesen. Die Ziffer ganz rechts hat den kleinsten Stellenwert 16^0, jede Stelle nach links wird der Stellenwert 16-mal größer. Die Ziffer ganz links hat den größten Stellenwert, in diesem Beispiel 16^3.

Ziffer 4 ganz rechts hat den Stellenwert 16^0.

Eine Stelle nach links hat Ziffer F den Stellenwert 16^1.

Eine Stelle nach links hat Ziffer F den Stellenwert 16^2.

Eine Stelle nach links hat Ziffer B den Stellenwert 16^3.

Ziffer	B	F	F	4

Stellenwert	16^3	16^2	16^1	16^0

Wie berechnen wir die Dezimalzahl aus der Hexadezimalzahl BFF4?

Die Hexadezimalzahlen werden von rechts nach links betrachtet.

Die 4 ganz rechts steht an der ersten Stelle,
ihr Wert ist $4 \times 16^0 = 4 \times 1$.

Eine Stelle nach links steht F an der zweiten Stelle,
ihr Wert ist $F \times 16^1 = 15 \times 16^1$.

Eine Stelle nach links steht F an der dritten Stelle,
ihr Wert ist $F \times 16^2 = 15 \times 16^2$.

Eine Stelle nach links steht B an der vierten Stelle,
ihr Wert ist $B \times 16^3 = 11 \times 16^3$.

Jede **Ziffer** wird mit dem entsprechenden **Stellenwert** multipliziert und zum Schluss alle addiert.

Ziffer	B	F	F	4
Stellenwert	16^3	16^2	16^1	16^0
Dezimalzahl	$B*16^3$ +	$F*16^2$ +	$F*16^1$ +	$4*16^0$
	$11*16^3$ +	$15*16^2$ +	$15*16^1$ +	$4*16^0$
		= 49140		

Beispiel 1: 5CDE

Stellenwertmethode

Stellenwert

Die Ziffer ganz rechts hat den kleinsten Stellenwert 16^0. Jede Stelle nach links wird der Stellenwert 16-mal größer. Die Ziffer ganz links hat den größten Stellenwert, in diesem Beispiel 16^3.

Ziffer E ganz rechts hat den Stellenwert 16^0.

Eine Stelle nach links hat Ziffer D den Stellenwert 16^1.

Eine Stelle nach links hat Ziffer C den Stellenwert 16^2.

Eine Stelle nach links hat Ziffer 5 den Stellenwert 16^3.

Ziffer	5	C	D	E
Stellenwert	16^3	16^2	16^1	16^0

Wie berechnen wir die Dezimalzahl aus dem Hexadezimalzahl 5CDE?

Die Hexadezimalzahlen werden von rechts nach links betrachtet.

Die Ziffer E ganz rechts steht an der ersten Stelle,
ihr Wert ist $E x 16^0 = 14 x 16^0$.

Eine Stelle nach links steht D an der zweiten Stelle,
ihr Wert ist $D x 16^1 = 13 x 16^1$.

Eine Stelle nach links steht C an der dritten Stelle,
ihr Wert ist $C x 16^2 = 12 x 16^2$.

Eine Stelle nach links steht die 5 an der vierten Stelle,
ihr Wert ist $5 x 16^3 = 5 x 16^3$.

Jede **Ziffer** wird mit dem entsprechenden **Stellenwert** multipliziert und zum Schluss alle addiert.

Ziffer	5	C	D	E
Stellenwert	16^3	16^2	16^1	16^0
	$5*16^3$ +	$C*16^2$ +	$D*16^1$ +	$E*16^0$
Dezimalzahl	$5*16^3$ +	$12*16^2$ +	$13*16^1$ +	$14*16^0$
	= 23774			

Beispiel 2: 7DFE

Stellenwertmethode

Die Ziffer ganz rechts hat den kleinsten Stellenwert 16^0. Jede Stelle nach links wird der Stellenwert 16-mal größer. Die Ziffer ganz links hat den größten Stellenwert, in diesem Beispiel 16^3.

Ziffer E ganz rechts hat den Stellenwert 16^0.

Eine Stelle nach links hat Ziffer F den Stellenwert 16^1.

Eine Stelle nach links hat Ziffer D den Stellenwert 16^2.

Eine Stelle nach links hat Ziffer 7 den Stellenwert 16^3.

Ziffer	7	D	F	E
Stellenwert	16^3	16^2	16^1	16^0

Wie berechnen wir die Dezimalzahl aus der Hexadezimalzahl 7DFE?

Die Hexadezimalzahlen werden von rechts nach links betrachtet.

Die E ganz rechts, steht an der ersten Stelle,
ihr Wert ist $Ex16^0 = 14x16^0$.

Eine Stelle nach links, die F steht in der zweiten Stelle,
ihr Wert ist $Fx16^1 = 15x16^1$.

Eine Stelle nach links, die D steht in der dritten Stelle,
ihr Wert ist $Dx16^2 = 13x16^2$.

Eine Stelle nach links, die F7 steht in der vierten Stelle,
ihr Wert ist $7x16^3 = 7x16^3$.

Jede **Ziffer** wird mit dem entsprechenden **Stellenwert** multipliziert und zum Schluss alle addiert

Ziffer	7	D	F	E
Stellenwert	16^3	16^2	16^1	16^0
	$7*16^3$ +	$D*16^2$ +	$F*16^1$ +	$14*16^0$
Dezimalzahl	$7*16^3$ +	$13*16^2$ +	$15*16^1$ +	$14*16^0$
			= 32254	

Beispiel 3: EF6AB

Stellenwertmethode

Stellenwert

Die Ziffer ganz rechts hat den kleinsten Stellenwert **16^0**. Jede Stelle nach links, wird der Stellenwert 16-mal größer. Die Ziffer ganz links hat den größten Stellenwert, in diesem Beispiel **16^4**.

Ziffer B ganz rechts hat den Stellenwert 16^0.

Eine Stelle nach links hat Ziffer A den Stellenwert 16^1.

Eine Stelle nach links hat Ziffer 6 den Stellenwert 16^2.

Eine Stelle nach links hat Ziffer F den Stellenwert 16^3.

Eine Stelle nach links hat Ziffer E den Stellenwert 16^4.

Ziffer	E	F	6	A	B
Stellenwert	**16^4**	**16^3**	**16^2**	**16^1**	**16^0**

Wie berechnen wir die Dezimalzahl aus der Hexadezimalzahl EF6AB?

Die Hexadezimalzahlen werden von rechts nach links betrachtet.

Die Ziffer B ganz rechts steht an der ersten Stelle,
ihr Wert ist $Bx16^0 = 11x16^0$.

Eine Stelle nach links steht A an der zweiten Stelle,
ihr Wert ist $Ax16^1 = 10x16^1$.

Eine Stelle nach links steht die 6 an der dritten Stelle,
ihr Wert ist $6x16^2$.

Eine Stelle nach links steht F an der vierten Stelle,
ihr Wert ist $Fx16^3 = 15x16^3$.

Eine Stelle nach links steht E an der vierten Stelle,
ihr Wert ist $Ex16^4 = 14x16^4$.

Jede **Ziffer** wird mit dem entsprechenden **Stellenwert** multipliziert und zum Schluss alle addiert.

Ziffer	E	F	6	A	B
Stellenwert	16^4	16^3	16^2	16^1	16^0
Dezimalzahl	$E*16^4$ +	$F*16^3$ +	$6*16^2$ +	$A*16^1$ +	$B*16^0$
	$14*16^4$ +	$15*16^3$ +	$6*16^2$ +	$10*16^1$ +	$11*16^0$
			= 980651		

5.6 Umrechnung von Dezimalzahlen in Hexadezimalen

Divisionsmethode

Bei der Umrechnung einer Dezimalzahl in eine Hexadezimalzahl wird die Dezimalzahl durch 16 dividiert, und der Rest der Division (0 bis 15, entspricht 0 bis F) aufgeschrieben. Das Ergebnis dieser Division wird noch mal durch 16 dividiert und der Rest der Division (0 bis 15, entspricht 0 bis F) aufgeschrieben. Die gleiche Operation wird wiederholt, bis das Ergebnis der Division 0 ist. Zum Schluss werden die Reste der Divisionen von unten nach oben gelesen und von links nach rechts aufgeschrieben.

Um diese besser zu verstehen, wandeln wir die Dezimalzahl 240 in eine Hexadezimalzahl um.

Die Dezimalzahl 240 durch 16 dividiert ergibt 15, Rest = 240 − 15x16 = 0.

Zahl	/	Ergebnis	Rest in Dezimal
240	**16**	**15**	**0**

Das Ergebnis 15 wieder durch 16 dividiert ergibt 0, Rest = 15 − 0x16 = 15.

Zahl	/	Ergebnis	Rest in Dezimal
240	16	15	0
15	**16**	**0**	**15**

Das Ergebnis ist **0** und damit soll der Divisionsvorgang beendet und die Reste als Hexadezimalziffern aufgeschrieben werden.

Zahl	/	Ergebnis	Rest in Dezimal	Rest Hexadezimal
240	16	15	0	**0**
15	16	**0**	15	**F**

Der Rest wird von unten nach oben gelesen.

Zahl	/	Ergebnis	Rest in Dezimal	**Rest Hexadezimal**
240	16	15	0	**0**
15	16	**0**	15	**F**

In diesem Fall gilt **F0** und wird als Ergebnis aufgeschrieben.

Zahl	/	Ergebnis	Rest in Dezimal	Rest Hexadezimal	Ergebnis
240	16	15	0	0	**F0**
15	16	**0**	15	F	

Das Ergebnis wird aus dem Rest der Division von unten nach oben gelesen und von links nach rechts aufgeschrieben: **F0**.

$240_{10} = F0_{16}$

Beispiel 1: 144

Divisionsmethode

Die Dezimalzahl 144 durch 16 dividiert ergibt 9, Rest = 144 − 9x16 = 0.

Zahl	/	Ergebnis	Rest in Dezimal
144	**16**	**9**	**0**

Das Ergebnis 9 wieder durch 16 dividiert ergibt 0, Rest = 9 − 0x16 = 9.

Zahl	/	Ergebnis	Rest in Dezimal

144	16	9	0
9	16	0	9

Das Ergebnis ist **0**. Damit soll der Divisionsvorgang beendet werden, die entsprechenden Hexadezimalziffern des Rests werden aufgeschrieben.

Zahl	/	Ergebnis	Rest in Dezimal	**Rest Hexadezimal**
144	16	9	0	**0**
9	16	0	9	**9**

Der Rest wird von unten nach oben gelesen.

Zahl	/	Ergebnis	Rest in Dezimal	Rest Hexadezimal	
144	16	9	0	**0**	
9	16	0	9	**9**	

In diesem Fall gilt **90**.

Zahl	/	Ergebnis	Rest in Dezimal	Rest Hexadezimal	Ergebnis
144	16	9	0	**0**	**90**
9	16	**0**	9	**9**	

Das Ergebnis wird aus dem Rest der Division von unten nach oben gelesen und von links nach rechts aufgeschrieben: **90**.

$144_{10} = 90_{16}$

Beispiel 2: 788

Divisionsmethode

Die Dezimalzahl 788 durch 16 dividiert ergibt 49, Rest = 788 – 49x16 = 4.

Zahl	/	Ergebnis	Rest in Dezimal
788	**16**	**49**	**4**

Das Ergebnis 49 wieder durch 16 dividiert ergibt 3, Rest = 49 – 3x16 = 1.

Zahl	/	Ergebnis	Rest in Dezimal
788	16	49	4
49	**16**	**3**	**1**

Das Ergebnis 3 wieder durch 16 dividiert ergibt 0, Rest = 3 – 0x16 = 3.

Zahl	/	Ergebnis	Rest in Dezimal
788	16	49	4

49	16	3	1
3	**16**	**0**	**3**

Das Ergebnis ist **0**. Damit soll der Divisionsvorgang beendet werden, die entsprechenden Hexadezimalziffern des Rests werden aufgeschrieben.

Zahl	/	Ergebnis	Rest in Dezimal	**Rest in Hexadezimal**
788	16	49	2	4
49	16	3	1	1
3	16	**0**	3	3

Der Rest wird von unten nach oben gelesen.

Zahl	/	Ergebnis	Rest in Dezimal	Rest in Hexadezimal
788	16	49	2	4
49	16	3	1	1
3	16	**0**	3	3

In diesem Fall gilt **314** hexadezimal.

Zahl	/	Ergebnis	Rest in Dezimal	Rest in Hexadezimal	Ergebnis
788	16	49	2	**2**	
49	16	3	1	**1**	**314**
3	16	**0**	3	**3**	

Das Ergebnis wird aus dem Rest der Division von unten nach oben und von links nach rechts geschrieben: **314**

$$788_{10} = 314_{16}$$

Beispiel 3: 1778

Divisionsmethode

Die Dezimalzahl 1778 durch 16 dividiert ergibt 111,
Rest $= 1778 - 111 \times 16 = 2$.

Zahl	/	Ergebnis	Rest in Dezimal
1778	**16**	**111**	**2**

Das Ergebnis 111 wieder durch 16 dividiert ergibt 6,
Rest $= 111 - 6 \times 16 = 15$.

Zahl	/	Ergebnis	Rest in Dezimal
1778	16	111	2
111	**16**	**6**	**15**

Das Ergebnis 6 wieder durch 16 dividiert ergibt 0, Rest = 6 – 0x16 = 6.

Zahl	/	Ergebnis	Rest in Dezimal
1778	16	111	2
111	16	6	15
6	**16**	**0**	**6**

Das Ergebnis ist 0. Damit soll der Divisionsvorgang beendet werden, die entsprechenden Hexadezimalziffern des Rests werden aufgeschrieben.

Zahl	/	Ergebnis	Rest in Dezimal	**Rest in Hexadezimal**
1778	16	111	2	**2**
111	16	6	15	**F**
6	16	**0**	6	**6**

Der Rest wird von unten nach oben gelesen.

Zahl	/	Ergebnis	Rest in Dezimal	Rest in Hexadezimal	
1778	16	111	2	2	
111	16	6	15	F	↑
6	16	**0**	6	6	

In diesem Fall gilt **6F2**.

Zahl	/	Ergebnis	Rest in Dezimal	Rest in Hexadezimal	Ergebnis
1778	16	111	2	2	**6F2**
111	16	6	15	F	
6	16	**0**	6	6	

Das Ergebnis wird aus dem Rest der Division von unten nach oben gelesen, und von links nach rechts geschrieben: **6F2**.

$1778_{10} = 6F2_{16}$

6. Einführung in BCD-Code: Binär codierte Dezimalzahlen

Ziel: Jede Ziffer einer Dezimalzahl soll dual dargestellt werden.

Wir müssen unterscheiden zwischen Dezimalzahlen und Dezimalziffern.

Dezimalzahlen bestehen aus mehreren Dezimalziffern. Die Dezimalzahl 940 z. B. besteht aus 3 Dezimalziffern: 9, 4, und 0.

Der BCD-Code, auch 8-4-2-1-Code, ist kein Zahlensystem, sondern stellt jede Dezimalziffer einer Dezimalzahl binär, und zwar als Tetrade in 4 Bits, dar.

BCD-CODE ist die Teilmenge der Hexadezimalzahlen. Während Hexadezimalzahlen aus 16 Ziffern (0 bis 9 und A bis F) bestehen, werden beim BCD-Code nur die Ziffern 0 bis 9 ohne die Ziffern A bis F benutzt.

Hexadezimalsystem	0,1,2,3,4,5,6,7,8,9	A,B,C,D,E,F
BCD-Code	0,1,2,3,4,5,6,7,8,9	~~A,B,C,D,E,F~~

Dezimal	Hexadezimal	BCD-Code
0	0	0000
1	1	0001
3	3	0010
4	4	0100
5	5	0101

6	6	0110
7	7	0111
8	8	1000
9	9	1001
10	A	~~1010~~
11	B	~~1011~~
12	C	~~1100~~
13	D	~~1101~~
14	E	~~1110~~
15	F	~~1111~~

Tabelle 6.T.1

Beispiel: Darstellung der Dezimalzahl 974 als BCD-Code

Aus der (Tabelle 6.T.1) die entsprechende Binär-Kombination ablesen:

Ziffer	9	7	4
Als BCD-Code	1001	0111	0100

7. Addition von binären Zahlen

Bei der Addition von Dualzahlen gelten folgende Regeln:

$$0 + 0 = 0$$

$$0 + 1 = 1$$

$$1 + 0 = 1$$

$$1 + 1 = 0 \text{ Übertrag } 1$$

Beispiel 1:   **0000 0111   +   0000 1000**

Erläuterung:

$0000\ 0111_2 = 7_{10}$, $0000\ 1000_2 = 8_{10}$

Die oben dargestellten Regeln werden benutzt, um die binäre Addition durchzuführen.

Die Addition wird von rechts nach links durchgeführt und wie folgt Schritt für Schritt erläutert:

Schritt 1:

Übertrag								
Zahl 1	0	0	0	0	0	1	1	1
Zahl 2	0	0	0	0	1	0	0	0
Addition								1

Erläuterung:

Ziffern ganz rechts addieren.

$1 + 0 = \mathbf{1}$

Schritt 2:

Übertrag								
Zahl 1	0	0	0	0	0	1	1	1
Zahl 2	0	0	0	0	1	0	0	0
Addition							1	1

Erläuterung:

Eine Stelle nach links.

$1 + 0 = 1$

Schritt 3:

Übertrag								
Zahl 1	0	0	0	0	0	1	1	1
Zahl 2	0	0	0	0	1	0	0	0
Addition						1	1	1

Erläuterung:

Eine Stelle nach links.

$1 + 0 = 1$

Schritt 4:

Übertrag								
Zahl 1	0	0	0	0	0	1	1	1
Zahl 2	0	0	0	0	1	0	0	0
Addition					1	1	1	1

Erläuterung:

Eine Stelle nach links.

$0 + 1 = 1$

Schritt 5:

Übertrag								
Zahl 1	0	0	0	0	0	1	1	1
Zahl 2	0	0	0	0	1	0	0	0
Addition				0	1	1	1	1

Erläuterung:

Eine Stelle nach links.

$0 + 0 = \mathbf{0}$

Schritt 6:

Übertrag								
Zahl 1	0	0	0	0	0	1	1	1
Zahl 2	0	0	0	0	1	0	0	0
Addition			0	0	1	1	1	1

Erläuterung:

Eine Stelle nach links.

$0 + 0 = 0$

Schritt 7:

Übertrag								
Zahl 1	0	0	0	0	0	1	1	1
Zahl 2	0	0	0	0	1	0	0	0
Addition		0	0	0	1	1	1	1

Erläuterung:

Eine Stelle nach links.

$0 + 0 = \mathbf{0}$

Schritt 8:

Übertrag								
Zahl 1	0	0	0	0	0	1	1	1
Zahl 2	0	0	0	0	1	0	0	0
Addition	0	0	0	0	1	1	1	1

Erläuterung:

Eine Stelle nach links.

$0 + 0 = \mathbf{0}$

Ergebnis: 0000 1111

$0000\ 1111_2 = 15_{10}$

Beispiel 2: 0101 1011 + 0010 0101

Schritt 1:

Übertrag							1	
Zahl 1	0	1	0	1	1	0	1	1
Zahl 2	0	0	1	0	0	1	0	1

Erläuterung:

Ziffern ganz rechts addieren.

$1 + 1 = \mathbf{0}$, Übertrag **1**

Addition								0

Schritt 2:

Übertrag							1	1
Zahl 1	0	1	0	1	1	0	1	1
Zahl 2	0	0	1	0	0	1	0	1
Addition							0	0

Erläuterung:

Eine Stelle nach links.

$1 + 1 + 0 = \mathbf{0}$ Übertrag **1**

Schritt 3:

Übertrag						1	1	1
Zahl 1	0	1	0	1	1	0	1	1
Zahl 2	0	0	1	0	0	1	0	1
Addition						0	0	0

Erläuterung:

Eine Stelle nach links.

$1 + 0 + 1 = \mathbf{0}$ Übertrag 1

Schritt 4:

Übertrag					1	1	1	1
Zahl 1	0	1	0	1	1	0	1	1
Zahl 2	0	0	1	0	0	1	0	1
Addition					0	0	0	0

Erläuterung:

Eine Stelle nach links.

$1 + 1 + 0 = \mathbf{0}$ Übertrag **1**

Schritt 5:

Übertrag				1	1	1	1	1
Zahl 1	0	1	0	1	1	0	1	1
Zahl 2	0	0	1	0	0	1	0	1

Erläuterung:

Eine Stelle nach links.

$1 + 1 + 0 = \mathbf{0}$ Übertrag **1**

Addition				0	0	0	0	0

Schritt 6:

Übertrag		1	**1**	1	1	1	1	
Zahl 1	0	1	**0**	1	1	0	1	1
Zahl 2	0	0	**1**	0	0	1	0	1
Addition			**0**	0	0	0	0	0

Erläuterung:

Eine Stelle nach links.

$1 + 0 + 1 = $ **0** Übertrag **1**

Schritt 7:

Übertrag	1	**1**	1	1	1	1	1	
Zahl 1	0	**1**	0	1	1	0	1	1
Zahl 2	0	**0**	1	0	0	1	0	1
Addition		**0**	0	0	0	0	0	0

Erläuterung:

Eine Stelle nach links.

$1 + 1 + 0 = $ **0** Übertrag **1**

Schritt 8:

Übertrag	**1**	1	1	1	1	1	1	
Zahl 1	**0**	1	0	1	1	0	1	1
Zahl 2	**0**	0	1	0	0	1	0	1
Addition	**1**	0	0	0	0	0	0	0

Erläuterung:

Eine Stelle nach links.

$1 + 0 + 0 = $ **1**

Ergebnis: 1000 0000 $1000\ 0000_2 = 128_{10}$

Beispiel 3: 1001 1001 0101 1101 + 0101 1101

Hier haben wir zwei Dualzahlen mit unterschiedlichen Größen. Die erste Zahl hat die Länge 16 Bit und die zweite Zahl hat die Länge 8 Bit, also wird ein Word mit einem Byte addiert. In diesem Fall gleichen wir die Länge an, indem wir zur zweiten Zahl links 8 Nullen hinzufügen. Die neu hinzufügten Nullen sind in diesem Beispiel fett gedruckt.

1001 1001 0101 1101 + **0000 0000** 0101 1101

Da wir nun die gleiche Anzahl an Bit haben, können wir mit der Addition beginnen.

Schritt 1:

Übertrag														1	
Zahl 1	1	0	0	1	1	0	0	1	0	1	0	1	1	1	0	1
Zahl 2	0	0	0	0	0	0	0	0	0	1	0	1	1	1	0	1
Addition																0

Erläuterung: Ziffern ganz rechts addieren., 1 + 1 = **0**, Übertrag **1**

Schritt 2:

Übertrag														1	
Zahl 1	1	0	0	1	1	0	0	1	0	1	0	1	1	1	0	1
Zahl 2	0	0	0	0	0	0	0	0	0	1	0	1	1	1	0	1
Addition															1	0

Erläuterung: Eine Stelle nach links. 1 + 0 + 0= **1**

Schritt 3:

Übertrag													1		1
Zahl 1	1	0	0	1	1	0	0	1	0	1	0	1	1	1	0	1
Zahl 2	0	0	0	0	0	0	0	0	0	1	0	1	1	1	0	1
Addition														0	1	0

Erläuterung: Eine Stelle nach links. 1 + 1 = 0 Übertrag 1

Schritt 4:

Übertrag												**1**	**1**		1	
Zahl 1	1	0	0	1	1	0	0	1	0	1	0	1	**1**	1	0	1
Zahl 2	0	0	0	0	0	0	0	0	0	1	0	1	**1**	1	0	1
Addition													**1**	0	1	0

Erläuterung: Eine Stelle nach links. 1 + 1 + 1 = 1 Übertrag 1

Schritt 5:

Übertrag											1	**1**	1		1	
Zahl 1	1	0	0	1	1	0	0	1	0	1	0	**1**	1	1	0	1
Zahl 2	0	0	0	0	0	0	0	0	0	1	0	**1**	1	1	0	1
Addition												**1**	1	0	1	0

Erläuterung: Eine Stelle nach links. 1 + 1 + 1 = 1 Übertrag 1

Schritt 6:

Übertrag										1	**1**	1	1		1	
Zahl 1	1	0	0	1	1	0	0	1	0	1	**0**	1	1	1	0	1
Zahl 2	0	0	0	0	0	0	0	0	0	1	**0**	1	1	1	0	1
Addition											**1**	1	1	0	1	0

Erläuterung: Eine Stelle nach links. 1 + 0 + 0 = 1

Schritt 7:

Übertrag									1	****	1	1	1		1	
Zahl 1	1	0	0	1	1	0	0	1	0	**1**	0	1	1	1	0	1

Zahl 2	0	0	0	0	0	0	0	0	0	**1**	0	1	1	1	0	1
Addition										**0**	1	1	1	0	1	0

Erläuterung: Eine Stelle nach links. 1 + 1= 0 Übertrag 1

Schritt 8:

Übertrag									**1**		1	1	1		1	
Zahl 1	1	0	0	1	1	0	0	1	**0**	1	0	1	1	1	0	1
Zahl 2	0	0	0	0	0	0	0	0	**0**	1	0	1	1	1	0	1
Addition									**1**	0	1	1	1	0	1	0

Erläuterung: Eine Stelle nach links. 1 + 0 + 0= 1

Schritt 9:

Übertrag								****		1		1	1	1		1
Zahl 1	1	0	0	1	1	0	0	**1**	0	1	0	1	1	1	0	1
Zahl 2	0	0	0	0	0	0	0	**0**	0	1	0	1	1	1	0	1
Addition								**1**	1	0	1	1	1	0	1	0

Erläuterung: Eine Stelle nach links. 1 + 0 = 1

Schritt 10:

Übertrag						****			1		1	1	1		1	
Zahl 1	1	0	0	1	1	0	**0**	1	0	1	0	1	1	1	0	1
Zahl 2	0	0	0	0	0	0	**0**	0	0	1	0	1	1	1	0	1
Addition						**0**	1	1	0	1	1	1	0	1	0	

Erläuterung: Eine Stelle nach links. 0 + 0 = 0

Schritt 11:

Übertrag									1		1	1	1		1	
Zahl 1	1	0	0	1	1	**0**	0	1	0	1	0	1	1	1	0	1
Zahl 2	0	0	0	0	0	**0**	0	0	0	1	0	1	1	1	0	1
Addition						**0**	0	1	1	0	1	1	1	0	1	0

Erläuterung: Eine Stelle nach links. $0 + 0 = 0$

Schritt 12:

Übertrag									1		1	1	1		1	
Zahl 1	1	0	0	1	**1**	0	0	1	0	1	0	1	1	1	0	1
Zahl 2	0	0	0	0	**0**	0	0	0	0	1	0	1	1	1	0	1
Addition					**1**	0	0	1	1	0	1	1	1	0	1	0

Erläuterung: Eine Stelle nach links. $1 + 0 = 1$

Schritt 13:

D3									1		1	1	1		1	
Zahl 1	1	0	0	**1**	1	0	0	1	0	1	0	1	1	1	0	1
Zahl 2	0	0	0	**0**	0	0	0	0	0	1	0	1	1	1	0	1
Addition				**1**	1	0	0	1	1	0	1	1	1	0	1	0

Erläuterung: Eine Stelle nach links. $1 + 0 = 1$

Schritt 14:

Übertrag									1		1	1	1		1	
Zahl 1	1	0	**0**	1	1	0	0	1	0	1	0	1	1	1	0	1

| Zahl 2 | 0 | 0 | **0** | 0 | 0 | 0 | 0 | 0 | 0 | 1 | 0 | 1 | 1 | 1 | 0 | 1 |
| Addition | | | **0** | 1 | 1 | 0 | 0 | 1 | 1 | 0 | 1 | 1 | 1 | 0 | 1 | 0 |

Erläuterung: Eine Stelle nach links. $0 + 0 = 0$

Schritt 15:

Übertrag								1		1	1	1		1		
Zahl 1	1	**0**	0	1	1	0	0	1	0	1	0	1	1	1	0	1
Zahl 2	0	**0**	0	0	0	0	0	0	0	1	0	1	1	1	0	1
Addition		**0**	0	1	1	0	0	1	1	0	1	1	1	0	1	0

Erläuterung: Eine Stelle nach links. $0 + 0 = 0$

Schritt 16:

Übertrag								1		1	1	1		1		
Zahl 1	**1**	0	0	1	1	0	0	1	0	1	0	1	1	1	0	1
Zahl 2	**0**	0	0	0	0	0	0	0	0	1	0	1	1	1	0	1
Addition	**1**	0	0	1	1	0	0	1	1	0	1	1	1	0	1	0

Erläuterung: Eine Stelle nach links. $1 + 0 = 1$

Ergebnis: 1001 1001 1011 1010

8. Datentypen:

8.1 Einführung:

Ein S7 Programm zu schreiben, verlangt eine korrekte Deklaration der benutzten Daten. Zum Beispiel muss die Temperatur in einem Industrieofen-Programm so deklariert werden, dass die Darstellung und der Definitionsbereich immer und in allen Fällen im Programm stimmen und keinen Fehler verursachen. In diesem Fall muss die Temperatur-Variable im Programm mit einem passenden Datentyp deklariert werden, dabei wird für diesen Datentyp die Darstellung und der Definitionsbereich der Temperatur-Variable festgelegt. Vorher ist mit Vorsicht zu überlegen, wie sich die Variable im Programm verändert, wie sie dargestellt werden soll und welche minimalen und maximalen Werte sie annehmen kann.

Datentypen legen die Eigenschaften der benutzten Daten im Programm fest, dabei ist die Darstellung des Inhalts- und Definitionsbereichs von besonderer Bedeutung.

8.2 Elementare Datentypen:

Datentyp	Verwendete Speichereinheit	Bereichsgrenze
BOOL	Bit	TRUE oder FALSE
BYTE	8 Bits	0 ... 255
WORD	16 Bits, 2 BYTE	0 ... 65 535
DWORD	32 Bits, 4 BYTE, 2 WORD	0 ... 4.294.967.295

8.3 Welcher Fehler könnte durch die Auswahl des falschen Datentyps eintreten?

8.3.1 Überlauf

Begrenzen wir uns auf ein **Byte**.

Ein Byte kann Zahlen von 0000 0000 bis 1111 1111 (dezimal: 0 bis 255) darstellen.

Was passiert, wenn 0000 0001 auf die maximale Zahl 1111 1111, (dezimal: 1) addiert wird?

Übertrag	**1**	1	1	1	1	1	1	1	
Zahl 1		1	1	1	1	1	1	1	1
Zahl 2		0	0	0	0	0	0	0	1
Addition		**0**	**0**	**0**	**0**	**0**	**0**	**0**	**0**

Das Ergebnis ist 0000 0000 Übertrag 1.

Das Ergebnis ist 0000 0000, also dezimal 0. Da $1 + 1 = 0$ Übertrag 1 ergibt, bekommt man als Ergebnis in Wirklichkeit nicht 0000 0000, sondern 0000 0000 Übertrag 1. Dieser Übertrag kann jedoch nicht gespeichert werden und wird deshalb einfach verloren gehen.

Begründung: Ein Byte kann maximal 8 Bit speichern. In diesem Fall haben wir 9 Bit. Die 8 Nullen passen gerade in die 8 Bit und für den 9. Bit (1) haben wir keinen Speicher reserviert. Der 9. Bit (1) wird einfach verloren gehen.

Schlussfolgerung: Durch den beschränkten Wertebereich (1 Byte) kommt man irgendwann an die obere Grenze $1111\ 1111_2$ (255_{10}). Bei der Addition von 1 fängt der Wertebereich wieder von vorn an. Man durchläuft wieder den Bereich bis zur oberen Grenze usw.

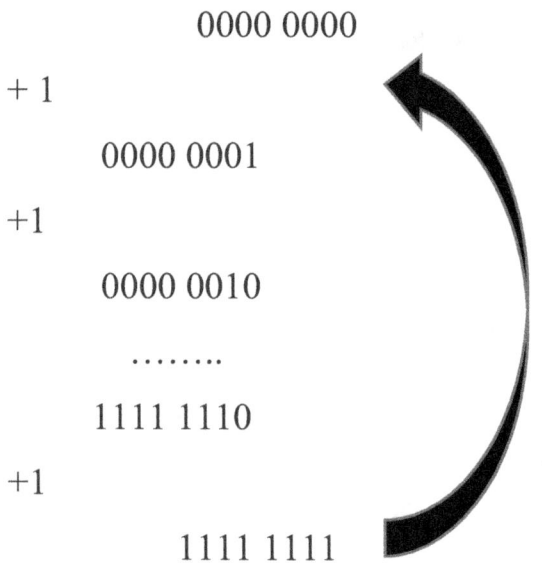

0000 0000

+1

0000 0001

+1

0000 0010

……..

1111 1110

+1

1111 1111

+1

Wenn immer wieder 1 addiert wird, wird wiederholend unendlich von 0 bis 255 gezählt, dann wieder 0 bis 255 usw.

Wirkung in der Praxis: Im Programm für einen Industrieofen, wo die Temperatur über 1000 Grad Celsius erreicht wird, soll der Programmierer eine Variable für die Temperatur definieren. Dafür muss er sich für einen Datentyp der Temperatur-Variable entscheiden. Nehmen wir an, er hat sich für den Datentyp BYTE entschieden, was in diesem Fall falsch ist, und hat die Temperatur-Variable als BYTE deklariert. In diesem Fall, und z. B. beim Hochfahren, wenn die Temperatur 255 Grad Celsius erreicht, können wir diese auf dem Bildschirm immer noch sehen. Wenn 1 Grad Celsius noch dazu kommt, erscheint auf dem Bildschirm 0 Grad Celsius, anstatt der richtigen Temperatur 256 Grad Celsius. Dies wird das Programm intern beeinflussen, indem mit 0 Grad Celsius innerhalb des Programms weitergearbeitet wird, und die Anlagenbediener die richtige Temperatur nicht erkennen. Das kann zu großen Problemen führen, daher spielt die Entscheidung für den richtigen Datentyp für einen bestimmten Parameter oder eine bestimmte Variable eine große Rolle in der SPS Programmierung und muss mit Sorgfalt ausgewählt werden. Wenn es sich um einen neuen Industrieofen handelt, fällt ein solcher Fehler normalerweise beim Testen des Programms frühzeitig auf oder, wenn später verursacht, spätestens bei der Inbetriebnahme und nicht erst bei der Produktion.

Lösung: In diesem Fall die Temperatur-Variable als **WORD** zu deklarieren, löst das Problem wie folgt:

$$255_{10} = 0000\ 0000\ 1111\ 1111_2$$

+1 ergibt $\quad 256_{10} = 0000\ 0001\ 0000\ 0000_2$

Wie wir feststellen hat der 9. Bit den Wert 1, und die 1 wird in diesem Fall nicht verloren gehen, da dafür Speicherplatz reserviert wurde.

Bemerkung: Die Wahl von **DWORD** als Datentyp für die Temperatur ist ineffizient. Dieses verursacht reservierten Speicher, der nicht benutzt werden kann, daher Speicherverschwendung.

9. Negative Zahlen

9.1 Einführung

Begrenzen wir uns auf ein **WORD**. Ein WORD kann bis zu 65.536 verschiedene Zahlen darstellen, und zwar von 0000 0000 0000 0000 bis 1111 1111 1111 1111 (0 bis 65.535 dezimal), die alle positive Zahlen sind.

Um negative Zahlen auch mit in diesem Bereich darzustellen, wird der Wertebereich wie folgt geteilt: -32.768 bis +32.767 (auch 65.536 verschiedene Zahlen).

Wir kennzeichnen negative Zahlen mit einem führenden Bit (Flags), MSB genannt (MSB: Most Significant Bit). Damit ist der Bit mit dem höchsten Stellenwert gemeint, in einem beschränkten Wertebereich von einem WORD wäre das MSB = Bit 15. (In diesem Fall: Bit 15 = 0 deutet auf eine positive Zahl, Bit 15 = 1 deutet auf eine negative Zahl.)

Der ehemalige Wertebereich von 0 bis 65.535 verändert sich zu -32.768 bis +32.767, auch hier haben wir 65.536 verschiedene Zahlen.

Ein Datentyp, der genauso viel Bit enthalten kann wie ein WORD, aber gleichzeitig positive und negative Zahlen darstellen kann, heißt **INT** (INTEGER).

Der Datentyp **INT** kann daher ganze Zahlen mit Vorzeichen speichern.

Vorzeichen

| 1 | 0 | | 0 | 0 | 0 | 0 | 0 | 0 | 0 | 0 | 0 | 0 | 0 | 0 | 0 |

-32.768 (Dezimal)

| 1 | 0 | 0 | 0 | 0 | 0 | 0 | 0 | 0 | 0 | 0 | 0 | 0 | 0 | 0 | 1 |

-32.767 (Dezimal)

| 0 | 0 | 0 | 0 | 0 | 0 | 0 | 0 | 0 | 0 | 0 | 0 | 0 | 0 | 0 | 0 |

0 (dezimal)

| 0 | 0 | 0 | 0 | 0 | 0 | 0 | 0 | 0 | 0 | 0 | 0 | 0 | 0 | 0 | 1 |

+1 (Dezimal)

| 0 | 0 | 0 | 0 | 0 | 0 | 0 | 0 | 0 | 0 | 0 | 0 | 0 | 0 | 1 | 0 |

+2 (Dezimal)

| 0 | 0 | 0 | 0 | 0 | 0 | 0 | 0 | 0 | 0 | 0 | 0 | 0 | 0 | 1 | 1 |

+3 (Dezimal)

| 0 | 1 | 1 | 1 | 1 | 1 | 1 | 1 | 1 | 1 | 1 | 1 | 1 | 1 | 1 | 0 |

+32.766 Dezimal)

| 0 | 1 | 1 | 1 | 1 | 1 | 1 | 1 | 1 | 1 | 1 | 1 | 1 | 1 | 1 | 1 |

+32.767 (Dezimal)

+ 1 ==

Übersprung

Durch den beschränkten Wertebereich (1 WORD) kommt man irgendwann an die obere Grenze $+32.767_{10}$, sprich **0111 1111 1111 1111₂**. Bei der Addition von 1 fängt der Wertebereich wieder von vorn bei -32.768_{10} an, sprich **1000 0000 0000 0000₂**. Man durchläuft wieder den Bereich bis zur oberen Grenze usw.

Wenn immer wieder eine 1 addiert wird, wird wiederholend unendlich von -32.768_{10} bis $+32.767_{10}$, gezählt, dann wieder -32.768_{10} bis $+32.767_{10}$ usw.

Zusammenfassung:

- Der Datentyp **WORD** ist 16 Bit lang, kann aber nur positive Zahlen in dem Wertebereich 0 bis 65.535 darstellen.

- Der Datentyp **INT** ist 16 Bit lang, kann aber positive sowie negative Zahlen in dem Wertebereich -32.768 bis +32.767 darstellen.

9.2 Entwicklung von negativen Zahlen

Wie geschieht die Entwicklung von negativen Zahlen?

Hier wird der Datentyp **INT** (INTEGER) benutzt. Ein Integer ist 16 Bit lang und kann Positive und negative Zahlen darstellen.

Negative Zahlen werden wie folgt entwickelt:

1. Invertiere alle Stellen (Einerkomplement)

2. Addiere 1 (Zweierkomplement)

Um die negative Dezimalzahl (-9) darzustellen, wird die positive Zahl 9 in zwei Schritten entwickelt, Einerkomplement und Zweierkomplement.

Einerkomplement:

Zahl (Dezimal)	9	Erläuterung
Zahl (Dual)	0000 0000 0000 1001	
Einerkomplement	**1111 1111 1111 0110**	**Bit invertieren** $0 \rightarrow 1$ **und** $1 \rightarrow 0$

Zweierkomplement:

Positive Zahl (Dezimal)	9	Erläuterung
Positive Zahl (Dual)	0000 0000 0000 1001	
Einerkomplement	1111 1111 1111 0110	Bits invertieren $0 \rightarrow 1$ und $1 \rightarrow 0$
Zweierkomplement	**1111 1111 1111 0110** **+** **0000 0000 0000 0001** ——————————————— **1111 1111 1111 0111** -9_{10}=**1111 1111 1111 0111**$_2$	**Einerkomplement +1**

Ergebnis: -9_{10} = 1111 1111 1111 0111$_2$

10. Subtraktion von Dualzahlen

Um die Subtraktion durchzuführen, wird die Entwicklung von negativen Zahlen angewendet.

Die Subtraktion (Zahl 1 – Zahl 2) wird wie folgt Entwickelt:

1. (- Zahl2) aus Zahl2 entwickeln

2. Addition wie folgt durchführen: Zahl 1 + (- Zahl2)

Wir betrachten die Subtraktion von Dezimalzahlen 18 – 11. Für uns Menschen ist klar, dass das Ergebnis 7 ist.

Aber wie wird die Subtraktion in der dualen Darstellung realisiert?

Dezimalzahl 18 als Dualzahl: 0000 0000 0001 0010

Dezimalzahl 11 als Dualzahl: 0000 0000 0000 1011

Gefragt ist aber die negative Zahl **-11$_{10}$** und nicht die positive Zahl **11$_{10}$**.

In diesem Fall wird die duale Darstellung der negativen Zahl (-11) aus der dualen Darstellung der positiven Zahl 11 wie folgt entwickelt:

1. Invertiere alle Stellen (Einerkomplement)

2. Addiere 1 (Zweierkomplement)

Einerkomplement:

Zahl (Dezimal)	11	Erläuterung
Zahl (Dual)	0000 0000 0000 1011	
Einerkomplement	**1111 1111 1111 0100**	**Bits invertieren** **0 → 1 und 1 → 0**

Zweierkomplement:

Positive Zahl (Dezimal)	11	Erläuterung
Positive Zahl (Dual)	0000 0000 0000 1011	
Einerkomplement	1111 1111 1111 0100	Bits invertieren $0 \rightarrow 1$ und $1 \rightarrow 0$
Zweierkomplement	**1111 1111 1111 0100** **+** **0000 0000 0000 0001** —————— **1111 1111 1111 0101** -11_{10}=1111 1111 1111 0101$_2$	**Einerkomplement + 1**

Ergebnis: -11_{10} = 1111 1111 1111 0101$_2$

Addition: 18 + (-11)

Jetzt dürfen wir die Subtraktion durchführen, indem wir die Addition der ersten Zahl mit der entwickelten negativen Zahl wie folgt durchführen:

Zahl	Dezimal	Dual	Erläuterung
Zahl 1	18_{10}	0000 0000 0001 0010$_2$	
Zahl 2	-11_{10}	1111 1111 1111 0101$_2$	
Addition	7_{10}	**0000 0000 0000 0111$_2$**	**18 + (-11)**

Das Ergebnis ist **0000 0000 0000 0111** Übertrag 1. Der Übertrag wird hier weggelassen, da er außerhalb des **INT**-Bereichs liegt und gestrichen wird.

Zusammenfassung:

Wir führen die Subtraktion von zwei Dualzahlen wie folgt durch:

1. Negative Zahl entwickeln:

    1.1 Einerkomplement bilden

    1.2 Zweierkomplement bilden

2. Addition durchführen

Beispiel 1: $25_{10} - 10_{10}$

$25_{10} = 0001\ 1001_2$

$10_{10} = 0000\ 1010_2$

Entwicklung der negativen Zahl (-10_{10})

Zahl	Darstellung	Erläuterung
Positive Zahl (Dezimal)	10	
Positive Zahl (Dual)	0000 0000 0000 1010	
Einerkomplement	1111 1111 1111 0101	Bits invertiert. $0 \rightarrow 1$ und $1 \rightarrow 0$
Zweierkomplement	1111 1111 1111 0101 + 0000 0000 0000 0001 ————————— 1111 1111 1111 0110 -10_{10} = **1111 1111 1111 0110**	Einerkomplement + 1

Ergebnis: -10_{10} = 1111 1111 1111 0110$_2$

Addition: $25_{10} - 10_{10} = 25_{10} + (-10_{10})$

Jetzt dürfen wir die Subtraktion durchführen, indem wir die Addition der ersten Zahl mit der entwickelten negativen Zahl wie folgt durchführen:

Zahl	Dezimal	Dual	Erläuterung
Zahl 1	25	0000 0000 0001 1001	
Zahl 2	-10	1111 1111 1111 0110	
Addition	**15**	**0000 0000 0000 1111**	$25_{10} + (-10_{10})$

Das Ergebnis ist **0000 0000 0000 1111$_2$** Übertrag 1. Der Übertrag wird hier weggelassen, da er außerhalb des **INT**-Bereichs liegt und gestrichen wird.

Beispiel 2: $125_{10} - 30_{10}$

$125_{10} = 0000\ 0000\ 0111\ 1101$

$30_{10} = \quad 0000\ 0000\ 0001\ 1110$

Entwicklung der negativen Zahl (-30_{10})

Zahl	Darstellung	Erläuterung
Positive Zahl (Dezimal)	30	

Positive Zahl (Dual)	0000 0000 0001 1110	
Einerkomplement	1111 1111 1110 0001	Bits invertiert. $0 \rightarrow 1$ und $1 \rightarrow 0$
Zweierkomplement	1111 1111 1110 0001 + 0000 0000 0000 0001 ——— 1111 1111 1110 0010 -30_{10}=1111 1111 1110 0010	Einerkomplement + 1

Ergebnis: -30_{10} = 1111 1111 1110 0010$_2$

Addition $125_{10} - 30_{10} = 125_{10} + (-30_{10})$

Jetzt dürfen wir die Subtraktion durchführen, indem wir die Addition der ersten Zahl mit der entwickelten negativen Zahl wie folgt durchführen:

Zahl	Dezimal	Dual	Erläuterung
Zahl 1	125	0000 0000 0111 1101	
Zahl 2	-30	1111 1111 1110 0010	
Addition	**95**	**0000 0000 0101 1111**	$125_{10} + (-30_{10})$

Das Ergebnis ist **0000 0000 0101 1111$_2$** Übertrag 1. Der Übertrag wird hier weggelassen, da er außerhalb des **INT**-Bereichs liegt und gestrichen wird.

Beispiel 3: $255_{10} - 40_{10}$

255_{10} = 0000 0000 1111 1111

40_{10} = 0000 0000 0010 1000

Entwicklung der negativen Zahl (-40_{10})

Zahl	Darstellung	Erläuterung
Positive Zahl (Dezimal)	40	
Positive Zahl (Dual)	0000 0000 0010 1000	

Einerkomplement	1111 1111 1101 0111	Bits invertiert. $0 \rightarrow 1$ und $1 \rightarrow 0$
Zweierkomplement	1111 1111 1101 0111 + 0000 0000 0000 0001 _____ 1111 1111 1101 1000 $-40_{10}=$ **1111 1111 1101 1000$_2$**	Einerkomplement + 1

Ergebnis: $-40_{10} = $ 1111 1111 1101 1000$_2$

Addition: $255_{10} - 40_{10} = 255_{10} + (-40_{10})$

Jetzt dürfen wir die Subtraktion durchführen, indem wir die Addition der ersten Zahl mit der entwickelten negativen Zahl wie folgt durchführen:

Zahl	Dezimal	Dual	Erläuterung
Zahl 1	255	0000 0000 1111 1111	
Zahl 2	-40	1111 1111 1101 1000	
Addition	**215**	**0000 0000 1101 0111**	$125_{10} + (-30_{10})$

Das Ergebnis ist **0000 0000 1101 0111$_2$** Übertrag 1. Der Übertrag wird hier weggelassen, da er außerhalb des **INT**-Bereichs liegt und gestrichen wird.

11. Übungen

11.1 Umwandlung von Dualzahlen in Dezimalzahlen

Wandeln Sie folgenden Dualzahlen in Dezimalzahlen um:

    a) 0101 1001

    b) 1101 0111

    c) 0001 1010 0101 1011

    d) 1000 0000 0000 0110

11.1.1 Lösungsvorschlag

a)   0101 1001

Die Ziffer ganz rechts hat den kleinsten Stellenwert 2^0. Jede Stelle nach links wird der Stellenwert zweimal größer, die Ziffer ganz links hat den größten Stellenwert. In diesem Beispiel 2^7.

Zahl	0	1	0	1	1	0	0	1
Stellenwert	2^7	2^6	2^5	2^4	2^3	2^2	2^1	2^0
	128	64	32	16	8	4	2	1

Die Umrechnung der Dualzahl in die Dezimalzahl erfolgt, indem wir jede **Ziffer** in der Ziffernfolge mit dem entsprechenden **Stellenwert** multiplizieren und anschließend alle addieren.

Zahl	0	1	0	1	1	0	0	1
Stellenwert	2^7	2^6	2^5	2^4	2^3	2^2	2^1	2^0
	128	64	32	16	8	4	2	1
Dezimalzahl	0	+ 64	+ 0	+ 16	+ 8	+ 0	+ 0	+ 1
	89							

$0101\ 1001_2 = 89_{10}$

b)   1101 0111

Zahl	1	1	0	1	0	1	1	1
Stellenwert	2^7	2^6	2^5	2^4	2^3	2^2	2^1	2^0
	128	64	32	16	8	4	2	1
Dezimalzahl	128 +	64 +	0 +	16 +	0 +	4 +	2 +	1
	215							

c)   0001 1010 0101 1011

Stellenwert

0	0	0	1	1	0	1	0	0	1	0	1	1	0	1	1
2^{16}	2^{14}	2^{13}	2^{12}	2^{11}	2^{10}	2^9	2^8	2^7	2^6	2^5	2^4	2^3	2^2	2^1	2^0
32768	16384	8192	4096	2048	1024	512	256	128	64	32	16	8	4	2	1

Dezimalzahl

0	0	0	1	1	0	1	0	0	1	0	1	1	0	1	1
2^{16}	2^{14}	2^{13}	2^{12}	2^{11}	2^{10}	2^9	2^8	2^7	2^6	2^5	2^4	2^3	2^2	2^1	2^0
32768	16384	8192	4096	2048	1024	512	256	128	64	32	16	8	4	2	1

0 + 0 + 0 + 4096 + 2048 + 0 + 512 + 0 + 0 + 64 + 0 + 16 + 8 + 0 + 2 + 1

6747

d)   1000 0000 0000 0110

Stellenwert

1	0	0	0	0	0	0	0	0	0	0	0	0	1	1	0
2^{16}	2^{14}	2^{13}	2^{12}	2^{11}	2^{10}	2^9	2^8	2^7	2^6	2^5	2^4	2^3	2^2	2^1	2^0
32768	16384	8192	4096	2048	1024	512	256	128	64	32	16	8	4	2	1

Dezimalzahl

1	0	0	0	0	0	0	0	0	0	0	0	0	1	1	0

2^{16}	2^{14}	2^{13}	2^{12}	2^{11}	2^{10}	2^{9}	2^{8}	2^{7}	2^{6}	2^{5}	2^{4}	2^{3}	2^{2}	2^{1}	2^{0}
32768	16384	8192	4096	2048	1024	512	256	128	64	32	16	8	4	2	1
32768 + 0 +	0	+0 +	0	+ 0 +	0	+0 +	0	+ 0 +	0	+0 +	0	+0 +	4 +	2 +	0
32774															

11.2 Umwandlung von Dezimalzahlen in Dualzahlen

Wandeln Sie folgende Dezimalzahlen in Dualzahlen um:

    a) 40

    b) 47

    c) 748

    d) 875

11.2.1 Lösungsvorschlag

a)   40

Zahl	/	Ergebnis	Rest	Ergebnis	
40	2	20	0		
20	2	10	0		**10 1000**
10	2	5	0	Rest Leserichtung	
5	2	2	1		
2	2	1	0		
1	2	**0**	1		

Das Ergebnis wird aus dem Rest der Division von unten nach oben gelesen und von links nach rechts aufgeschrieben: **10 1000**.

Wir haben 6 Bit. Um diese Zahl in einem Byte zu speichern, werden wie folgt 2 Nullen links dazu geschrieben: **00**10 1000.

Das Ergebnis ist: $40_{10} = 0010\ 1000_2$

b)   47

Zahl	/	Ergebnis	Rest	Ergebnis
47	2	23	1	
23	2	11	1	
11	2	5	1	**10 1111**
5	2	2	1	
2	2	1	0	
1	2	**0**	1	

(Rest Leserichtung ↑)

Das Ergebnis wird aus dem Rest der Division von unten nach oben gelesen und von links nach rechts aufgeschrieben: **10 1111**.

Wir haben 6 Bit. Um diese Zahl in einem Byte zu speichern, werden wie folgt 2 Nullen links dazu geschrieben: **00**10 1111.

Das Ergebnis ist: $47_{10} = 0010\ 1111_2$

c)   748

Zahl		/	Ergebnis	Rest	Ergebnis
748		2	374	0	
374		2	187	0	**10 1110 1100**
187		2	93	1	
93		2	46	1	
46		2	23	0	
23		2	11	1	
11		2	5	1	
5		2	2	1	
2		2	1	0	
1		2	0	1	

(Rest Leserichtung ↑)

Das Ergebnis wird aus dem Rest der Division von unten nach oben gelesen und von links nach rechts aufgeschrieben: **10 1110 1100**.

Wir haben 10 Bit. Eine Zahl mit 10 Bit Länge kann nicht in einem Byte gespeichert werden, da ein Byte maximal 8 Bit speichern kann. In diesem Fall wählen wir die nächstgrößere Speichereinheit WORD. Um diese Zahl in einem WORD zu speichern, werden wie folgt 6 Nullen links dazu geschrieben: **0000 00**10 1110 1100, was eine Gesamtanzahl von 16 Bit macht.

Das Ergebnis ist: $748_{10} = 0000\ 0010\ 1110\ 1100_2$

d)   875

Zahl	/	Ergebnis	Rest	Ergebnis
875	2	437	1	
437	2	218	1	
218	2	109	0	**11 0110 1011**
109	2	54	1	
54	2	27	0	
27	2	13	1	
13	2	6	1	
6	2	3	0	
3	2	1	1	
1	2	0	1	

Das Ergebnis wird aus dem Rest der Division von unten nach oben gelesen und von links nach rechts aufgeschrieben: **11 0110 1011**.

Wir haben 10 Bit. Eine Zahl mit 10 Bit Länge kann nicht in einem Byte gespeichert werden, da ein Byte maximal 8 Bit speichern kann. In diesem Fall wählen wir die nächstgrößere Speichereinheit WORD. Um diese Zahl in einem WORD zu speichern, werden wie folgt 6 Nullen links dazu geschrieben: **0000 0011 0110 1011**, was eine Gesamtanzahl von 16 Bit macht.

Das Ergebnis ist: 875_{10} = 0000 0011 0110 1011_2

11.3 Umwandlung von Hexadezimalzahlen in Dualzahlen

Wandeln Sie folgende Hexadezimalzahlen in Dualzahlen um:

   a) 13

   b) 10

   c) 46

   d) ABD

11.3.1 Lösungsvorschlag

Tetradenbildung

Hexadezimal	Dezimal	Tetrade
0	0	**0000**
1	1	**0001**

2	2	0010
3	3	0011
4	4	0100
5	5	0101
6	6	0110
7	7	0111
8	8	1000
9	9	1001
A	10	1010
B	11	1011
C	12	1100
D	13	1101
E	14	1110
F	15	1111

Tabelle 3.Ü

a) 13_{16}

Tetradenbildung

Zu jeder Hexadezimalziffer die entsprechende Tetrade aus (Tabelle 3.Ü) wie folgt entnehmen:

Ziffer	1	3
Entsprechende Tetrade	**0001**	**0011**

Das Ergebnis: $13_{16} = 0001\ 0011_2$

b) 10_{16}

Tetradenbildung

Zu jeder Hexadezimalziffer die entsprechende Tetrade aus (Tabelle 3.Ü) wie folgt entnehmen:

Ziffer	1	0
Entsprechende Tetrade	**0001**	**0000**

Das Ergebnis: $10_{16} = 0001\ 0000_2$

c) 46_{16}

Tetradenbildung

Zu jeder Hexadezimalziffer die entsprechende Tetrade aus (Tabelle 3.Ü) wie folgt entnehmen:

Ziffer	4	6
Entsprechende Tetrade	0100	0110

Das Ergebnis: $46_{16} = 0100\ 0110_2$

d) ABD_{16}

Tetradenbildung

Zu jeder Hexadezimalziffer die entsprechende Tetrade aus Tabelle 3.Ü wie folgt entnehmen:

Ziffer	A	B	D
Entsprechende Tetrade	1010	1011	1101

Das Ergebnis: $ABD_{16} = 1010\ 1011\ 1101_2$

11.4 Umwandlung von Dualzahlen in Hexadezimalen

Wandeln Sie folgende Dualzahlen in Hexadezimalzahlen um:

    a) 0011 1011 0011

    b) 0000 1111

    c) 1111 1110

    d) 1010 1000

11.4.1 Lösung

Tetradenbildung

Hexadezimal	Tetrade
0	0000
1	0001
2	0010
3	0011
4	0100

5	0101
6	0110
7	0111
8	1000
9	1001
A	1010
B	1011
C	1100
D	1101
E	1110
F	1111

Tabelle 4.Ü

a)   0011 1011 0011

Für die Umrechnung einer Dualzahl in eine Hexadezimalzahl werden Tetraden gebildet.

Betrachtet von rechts nach links, je 4 Binärstellen separat zusammen, wie folgt bilden:

Dualzahl	0011 1011 0011		
Tetradenbildung	**0011**	**1011**	**0011**

Zunächst die entsprechende Hexadezimalzahl aus (Tabelle 4.Ü) ablesen:

Dualzahl	0011 1011 0011		
Tetradenbildung	0011	1011	0011
Hexadezimal	**3**	**B**	**3**
Ergebnis	**3B3**		

b)   0000 1111

Für die Umrechnung einer Dualzahl ins eine Hexadezimalzahl werden Tetraden gebildet.

Betrachtet von rechts nach links, je 4 Binärstellen separat zusammen, wie folgt bilden:

Dualzahl	0000 1111	
Tetradenbildung	**0000**	**1111**

Zunächst die entsprechende Hexadezimalzahl aus (Tabelle 4.Ü) ablesen:

Dualzahl	0000 1111	
Tetradenbildung	0000	1111
Hexadezimal	**0**	**F**
Ergebnis	**0F**	

c) 1111 1110

Für die Umrechnung einer Dualzahl in eine Hexadezimalzahl werden Tetraden gebildet.

Zuerst bilden wir je 4 Binärstellen separat, wie folgt vom rechts nach links betrachtet:

Dualzahl	1111 1110	
Tetradenbildung	**1111**	**1110**

Zunächst die entsprechende Hexadezimalzahl aus (Tabelle 4.Ü) ablesen:

Dualzahl	1111 1110	
Tetradenbildung	1111	1110
Hexadezimal	**F**	**E**
Ergebnis	**FE**	

d) 1010 1000

Für die Umrechnung einer Dualzahl in eine Hexadezimalzahl werden Tetraden gebildet.

Zuerst bilden wir je 4 Binärstellen separat, wie folgt vom rechts nach links betrachtet:

Dualzahl	1010 1000	
Tetradenbildung	**1010**	**1000**

Zunächst die entsprechende Hexadezimalzahl aus (Tabelle 4.Ü) ablesen:

Dualzahl	1010 1000	
Tetradenbildung	1010	1000
Hexadezimal	**A**	**8**
Ergebnis	**A8**	

11.5 Umwandlung von Hexadezimalzahlen in Dezimalzahlen

Wandeln Sie folgende Hexadezimalzahlen in Dezimalzahlen um:

    a) FD

    b) E0

    c) AE

    d) ABD

11.5.1 Lösungsvorschlag

a)   FD

Stellenwertmethode

Stellenwert

Die Ziffer ganz rechts hat den kleinsten Stellenwert 16^0. Jede Stelle nach links wird der Stellenwert 16-mal größer. Die Ziffer ganz links hat den größten Stellenwert, in diesem Beispiel 16^1.

Ziffer D ganz rechts hat den Stellenwert 16^0.

Eine Stelle nach links hat Ziffer F den Stellenwert 16^1.

Ziffer	F	D
Stellenwert	16^1	16^0

Wie berechnen wir die Dezimalzahl aus der Hexadezimalzahl FD?

Die Hexadezimalzahlen werden von rechts nach links betrachtet.

Die Ziffer D ganz rechts steht an der ersten Stelle,
ihr Wert ist $Dx16^0 = 13x16^0$.

Eine Stelle nach links steht F an der zweiten Stelle,
ihr Wert ist $Fx16^1 = 15x16^1$.

Jede **Ziffer** wird mit dem entsprechenden **Stellenwert** multipliziert und zum Schluss alle addiert

Ziffer	F	D

Stellenwert	16^1	16^0
Dezimalzahl	$15*16^1$ +	$13*16^0$
		= 253

b)   E0

Stellenwertmethode

Stellenwert

Die Ziffer ganz rechts hat den kleinsten Stellenwert 16^0. Jede Stelle nach links wird der Stellenwert 16-mal größer. Die Ziffer ganz links hat den größten Stellenwert, in diesem Beispiel 16^1.

Ziffer 0 ganz rechts hat den Stellenwert 16^0.

Eine Stelle nach links hat Ziffer E den Stellenwert 16^1.

Ziffer	E	0
Stellenwert	16^1	16^0

Wie berechnen wir die Dezimalzahl aus der Hexadezimalzahl E0?

Die Hexadezimalzahlen werden von rechts nach links betrachtet.

Die 0 ganz rechts steht an der ersten Stelle,
ihr Wert ist $0x16^0 = 0x16^0$.

Eine Stelle nach links steht E an der zweiten Stelle,
ihr Wert ist $Ex16^1 = 14x16^1$.

Jede **Ziffer** wird mit dem entsprechenden **Stellenwert** multipliziert und zum Schluss alle addiert.

Ziffer	E	0
Stellenwert	16^1	16^0
Dezimalzahl	$14*16^1$ +	$0*16^0$
		= 224

c)   AE

Stellenwert

Die Ziffer ganz rechts hat den kleinsten Stellenwert 16^0. Jede Stelle nach links wird der Stellenwert 16-mal größer. Die Ziffer ganz links hat den größten Stellenwert, in diesem Beispiel 16^1.

Ziffer E ganz rechts hat den Stellenwert 16^0.

Eine Stelle nach links hat Ziffer A den Stellenwert 16^1.

Ziffer	A	E
Stellenwert	16^1	16^0

Wie berechnen wir die Dezimalzahl aus der Hexadezimalzahl AE?

Die Hexadezimalzahlen werden von rechts nach links betrachtet.

Die Ziffer E ganz rechts, steht an der ersten Stelle,
ihr Wert ist $E \times 16^0 = 14 \times 16^0$.

Eine Stelle nach links steht A an der zweiten Stelle,
ihr Wert ist $A \times 16^1 = 10 \times 16^1$.

Jede **Ziffer** wird mit dem entsprechenden **Stellenwert** multipliziert und zum Schluss alle addiert.

Ziffer	A	E
Stellenwert	16^1	16^0
Dezimalzahl	$10*16^1$ +	$14*16^0$
		$= 174$

d) ABD

Stellenwertmethode

Stellenwert

Die Ziffer ganz rechts hat den kleinsten Stellenwert 16^0. Jede Stelle nach links wird der Stellenwert 16-mal größer. Die Ziffer ganz links hat den größten Stellenwert, in diesem Beispiel 16^2.

Ziffer D ganz rechts hat den Stellenwert 16^0.

Eine Stelle nach links hat Ziffer B den Stellenwert 16^1.

Eine Stelle nach links hat Ziffer A den Stellenwert 16^2.

Ziffer	A	B	D
Stellenwert	16^2	16^1	16^0

Wie berechnen wir die Dezimalzahl aus der Hexadezimalzahl ABD?

Die Hexadezimalzahlen werden von rechts nach links betrachtet.

Die Ziffer D ganz rechts steht an der ersten Stelle,
ihr Wert ist $Dx16^0 = 13x16^0$.

Eine Stelle nach links steht B an der zweiten Stelle,
ihr Wert ist $Bx16^1 = 11x16^1$.

Eine Stelle nach links steht A an der dritten Stelle,
ihr Wert ist $Ax16^2 = 10x16^2$.

Jede **Ziffer** wird mit dem entsprechenden **Stellenwert** multipliziert und zum
Schluss alle addiert.

Ziffer	A	B	D
Stellenwert	16^2	16^1	16^0
Dezimalzahl	$10*16^2$ +	$11*16^1$ +	$13*16^0$
		$= 2749$	

11.6 Umwandlung von Dezimalzahlen in Hexadezimalzahlen

Wandeln Sie folgende Dezimalzahlen in Hexadezimalsystem um:

    a) 684

    b) 172

    c) 175

    d) 280

11.6.1 Lösung

a)   684

Divisionsmethode

Bei der Umrechnung einer Dezimalzahl in eine Hexadezimalzahl wird die
Dezimalzahl durch 16 dividiert und der Rest der Division (0 bis 15, entspricht 0
bis F) aufgeschrieben, das Ergebnis dieser Division wird noch mal durch 16
dividiert und der Rest der Division (0 bis 15, entspricht 0 bis F) wird
aufgeschrieben, die gleiche Operation wird wiederholt, bis das Ergebnis der
Division 0 wird. Zum Schluss werden die Reste der Divisionen von unten nach
oben gelesen und von links nach rechts aufgeschrieben.

Die Dezimalzahl 684 durch 16 dividiert ergibt 42, Rest = 684– 42x16 = 12.

Zahl	/	Ergebnis	Rest in Dezimal	
684	**16**	**42**	**12**	

Das Ergebnis 42 wird wieder durch 16 dividiert ergibt 2,

Rest = 42 – 2x16 = 10.

Zahl	/	Ergebnis	Rest in Dezimal
684	16	42	12
42	**16**	**2**	**10**

Das Ergebnis 2 wird wieder durch 16 dividiert ergibt 0, Rest = 2 – 0x16 = 2.

Zahl	/	Ergebnis	Rest in Dezimal
684	16	42	12
42	16	2	10
2	**16**	**0**	**2**

Das Ergebnis ist **0**. Damit soll der Divisionsvorgang beendet und die Reste als Hexadezimalziffern aufgeschrieben werden.

Zahl	/	Ergebnis	Rest in Dezimal	Rest in Hexadezimal
684	16	42	12	C
42	16	**2**	10	A
2	16	**0**	2	2

Der Rest wird von unten nach oben gelesen:

Zahl	/	Ergebnis	Rest in Dezimal	Rest in Hexadezimal
684	16	42	12	C
42	16	**2**	10	A
2	16	**0**	2	2

In diesem Fall gilt **2AC** und schreiben dies als Ergebnis:

Zahl	/	Ergebnis	Rest in Dezimal	Rest in Hexadezimal	Ergebnis
684	16	42	12	C	
42	16	**2**	10	A	**2AC**
2	16	**0**	2	2	

Das Ergebnis wird aus dem Rest der Division von unten nach oben gelesen, und von links nach rechts geschrieben: **2AC**.

$684_{10} = 2AC_{16}$

b)   172

Divisionsmethode

Die Dezimalzahl 172 durch 16 dividiert ergibt 10, Rest = 172 – 10x16 = 12.

Zahl	/	Ergebnis	Rest in Dezimal
172	**16**	**10**	**12**

Das Ergebnis 10 wieder durch 16 dividiert ergibt 0, Rest = 10 – 0x16 = 10.

Zahl	/	Ergebnis	Rest in Dezimal
172	16	10	12
10	**16**	**0**	**10**

Das Ergebnis ist **0**. Damit soll der Divisionsvorgang beendet und die Reste als Hexadezimalziffern aufgeschrieben werden.

Zahl	/	Ergebnis	Rest in Dezimal	Rest Hexadezimal
172	16	10	12	C
10	16	**0**	10	A

Der Rest wird von unten nach oben gelesen:

Zahl	/	Ergebnis	Rest in Dezimal	Rest Hexadezimal
172	16	10	12	C
10	16	**0**	10	A

In diesem Fall gilt **AC** und schreiben dies als Ergebnis:

Zahl	/	Ergebnis	Rest in Dezimal	Rest Hexadezimal	Ergebnis
172	16	10	12	C	**AC**
10	16	**0**	10	A	

Das Ergebnis wird aus dem Rest der Division von unten nach oben und von links nach rechts geschrieben: **AC**.

$172_{10} = AC_{16}$

c)   175

Divisionsmethode

Die Dezimalzahl 175 durch 16 dividiert ergibt 10, Rest = 175 − 10x16 = 15.

Zahl	/	Ergebnis	Rest in Dezimal
175	**16**	**10**	**15**

Das Ergebnis 10 wieder durch 16 dividiert ergibt 0, Rest = 10 − 0x16 = 10.

Zahl	/	Ergebnis	Rest in Dezimal
175	16	10	15
10	**16**	**0**	**10**

Das Ergebnis ist **0**. Damit soll der Divisionsvorgang beendet und die Reste als Hexadezimalziffern aufgeschrieben werden.

Zahl	/	Ergebnis	Rest in Dezimal	Rest Hexadezimal
175	16	10	15	F
10	**16**	**0**	**10**	**A**

Der Rest wird von unten nach oben lesen:

Zahl	/	Ergebnis	Rest in Dezimal	Rest Hexadezimal
175	16	10	15	F
10	16	**0**	10	A

In diesem Fall gilt **AC** und schreiben dies als Ergebnis:

Zahl	/	Ergebnis	Rest in Dezimal	Rest Hexadezimal	Ergebnis
175	16	10	15	F	**AF**
10	16	**0**	10	A	

Das Ergebnis wird aus dem Rest der Division von unten nach oben und von links nach rechts geschrieben: **AF**.

$175_{10} = AF_{16}$

d)   280

Divisionsmethode

Die Dezimalzahl 280 durch 16 dividiert ergibt 17, Rest = 280 − 17x16 = 8.

Zahl	/	Ergebnis	Rest in Dezimal

280	16	17	8

Das Ergebnis 17 wieder durch 16 dividiert ergibt 1, Rest = 17 − 1x16 = 1.

Zahl	/	Ergebnis	Rest in Dezimal
280	16	17	8
17	**16**	**1**	**1**

Das Ergebnis 1 wieder durch 16 dividiert ergibt 0, Rest = 1 − 0x16 = 1.

Zahl	/	Ergebnis	Rest in Dezimal
280	16	17	8
17	16	1	1
1	**16**	**0**	**1**

Das Ergebnis ist **0**. Damit soll der Divisionsvorgang beendet und die Reste als Hexadezimalziffern aufgeschrieben werden.

Zahl	/	Ergebnis	Rest in Dezimal	Rest in Hexadezimal
280	16	17	8	8
17	16	**1**	1	1
1	16	**0**	1	1

Der Rest wird von unten nach oben gelesen:

Zahl	/	Ergebnis	Rest in Dezimal	Rest in Hexadezimal
280	16	17	8	8
17	16	**1**	1	1
1	16	**0**	1	1

In diesem Fall gilt **118** und schreiben dies als Ergebnis:

Zahl	/	Ergebnis	Rest in Dezimal	Rest in Hexadezimal	Ergebnis
280	16	17	8	8	
17	16	**1**	1	1	**118**
1	16	**0**	1	1	

Das Ergebnis wird aus dem Rest der Division von unten nach oben und von links nach rechts geschrieben: **118**.

$280_{10} = 118_{16}$

11.7 Addition von Binärzahlen

Addieren Sie folgende Dualzahlen:

a) 0101 1111 + 0010 1101

b) 0101 0000 + 0101 1001

c) 1001 0001 0001 1111 + 0101 1011

d) 1101 1100 + 0111 0010 0011 1001

e) 0011 1100 0011 1101 + 0011 0010 1100 0011

11.7.1 Lösungsvorschlag

a)   0101 1111 + 0010 1101

Übertrag	1	1	1	1	1	1	1	
Zahl 1	0	1	0	1	1	1	1	1
Zahl 2	0	0	1	0	1	1	0	1
Addition	**1**	**0**	**0**	**0**	**1**	**1**	**0**	**0**

b)   0101 0000 + 0101 1001

Übertrag	1		1					
Zahl 1	0	1	0	1	0	0	0	0
Zahl 2	0	1	0	1	1	0	0	1
Addition	**1**	**0**	**1**	**0**	**1**	**0**	**0**	**1**

c)   1001 0001 0001 1111 + 0101 1011

Übertrag												1	1	1	1	1
Zahl 1	1	0	0	1	0	0	0	1	0	0	0	1	1	1	1	1
Zahl 2	0	0	0	0	0	0	0	0	0	1	0	1	1	0	1	1
Addition	**1**	**0**	**0**	**1**	**0**	**0**	**0**	**1**	**0**	**1**	**1**	**1**	**1**	**0**	**1**	**0**

d)   1101 1100 + 0111 0010 0011 1001

Übertrag									1	1	1	1	1			
Zahl 1	0	0	0	0	0	0	0	0	1	1	0	1	1	1	0	0
Zahl 2	0	1	1	1	0	0	1	0	0	0	1	1	1	0	0	1
Addition	**0**	**1**	**1**	**1**	**0**	**0**	**1**	**1**	**0**	**0**	**0**	**1**	**0**	**1**	**0**	**1**

Übertrag		1	1					1	1	1	1	1	1	1	1
Zahl 1	0	0	1	1	1	1	0	0	0	0	1	1	1	1	0	1
Zahl 2	0	0	1	1	0	0	1	0	1	1	0	0	0	0	1	1
Addition	0	1	1	0	1	1	1	1	0	0	0	0	0	0	0	0

11.8 Subtraktion von Binärzahlen

Subtrahieren Sie folgende duale Zahlen mittels Bildung des Zweierkomplements. Als Datentyp wird der Datentyp **INT** (Integer) verwendet.

  a) 0000 0001 0111 1011 - 0000 0000 0100 1101

  b) 0000 0010 1011 0001 – 0000 0001 1101 0011

  c) 0000 1010 0011 1001 - 0000 0101 1011 1011

  d) 0011 1101 0001 0101 - 0000 0000 1101 1001

11.8.1 Lösungsvorschlag:

a) 0000 0001 0111 1011 - 0000 0000 0100 1101

$0000\ 0001\ 0111\ 1011_2 = 379_{10}$

$0000\ 0000\ 0100\ 1101 = 77_{10}$

$379_{10} - 77_{10} = 379_{10} + (-77_{10})$

Entwicklung der negativen Zahl (-77$_{10}$)

Zahl	Darstellung	Erläuterung
Positive Zahl (Dezimal)	77	
Positive Zahl (Dual)	0000 0000 0100 1101	
Einerkomplement	1111 1111 1011 0010	Bits invertiert. $0 \rightarrow 1$ und $1 \rightarrow 0$
Zweierkomplement	1111 1111 1011 0010 + 0000 0000 0000 0001 1111 1111 1011 0011 $-77_{10} = 1111\ 1111\ 1011\ 0011_2$	Einerkomplement + 1

Ergebnis: $-77_{10} = 1111\ 1111\ 1011\ 0011_2$

Addition: $379_{10} - 77_{10} = 379_{10} + (-77_{10})$

Jetzt dürfen wir die Subtraktion durchführen, indem wir die Addition der ersten Zahl mit der entwickelten negativen Zahl wie folgt durchführen:

Zahl	Dezimal	Dual	Erläuterung
Zahl 1	379	0000 0001 0111 1011	
Zahl 2	-77	1111 1111 1011 0011	
Addition	**302**	**0000 0001 0010 1110**	$379_{10} + (-77_{10})$

Das Ergebnis ist **0000 0001 0010 1110**$_2$ Übertrag 1. Der Übertrag wird hier weggelassen, da er außerhalb des **INT**-Bereichs liegt und gestrichen wird.

b)   0000 0010 1011 0001 – 0000 0001 1101 0011

Entwicklung der negativen Zahl

Zahl	Darstellung	Erläuterung
Positive Zahl (Dezimal)	467	
Positive Zahl (Dual)	0000 0001 1101 0011	
Einerkomplement	1111 1110 0010 1100	Bits invertiert. $0 \rightarrow 1$ und $1 \rightarrow 0$
Zweierkomplement	1111 1110 0010 1100 + 0000 0000 0000 0001 ——————————— 1111 1110 0010 1101 $-467_{10} =$ **1111 1110 0010 1101**$_2$	Einerkomplement + 1

Addition:

Zahl	Dezimal	Dual	Erläuterung
Zahl 1	689	0000 0010 1011 0001	
Zahl 2	-467	1111 1110 0010 1101	
Addition	**222**	**0000 0000 1101 1110**	$689_{10} + (-467_{10})$

Das Ergebnis ist **0000 0000 1101 1110**$_2$ Übertrag 1. Der Übertrag wird hier weggelassen, da er außerhalb des **INT**-Bereichs liegt und gestrichen wird

c)   0000 1010 0011 1001 - 0000 0101 1011 1011

Entwicklung der negativen Zahl

Zahl	Darstellung	Erläuterung
Positive Zahl (Dezimal)	1467	
Positive Zahl (Dual)	0000 0101 1011 1011	
Einerkomplement	1111 1010 0100 0100	Bits invertiert.

		$0 \rightarrow 1$ und $1 \rightarrow 0$
Zweierkomplement	1111 1010 0100 0100 + 0000 0000 0000 0001 ———————— 1111 1010 0100 0101 $-1467_{10}=1111\ 1010\ 0100\ 0101_2$	Einerkomplement + 1

Addition:

Zahl	Dezimal	Dual	Erläuterung
Zahl 1	2617	0000 1010 0011 1001	
Zahl 2	-1467	1111 1010 0100 0101	
Addition	**1150**	**0000 0100 0111 1110**	**2617_{10} + (-1467)**

Das Ergebnis ist **0000 0100 0111 1110$_2$** Übertrag 1. Der Übertrag wird hier weggelassen, da er außerhalb des **INT**-Bereichs liegt und gestrichen wird.

d)   0011 1101 0001 0101 - 0000 0000 1101 1001

Entwicklung der negativen Zahl

Zahl	Darstellung	Erläuterung
Positive Zahl (Dezimal)	217	
Positive Zahl (Dual)	0000 0000 1101 1001	
Einerkomplement	1111 1111 0010 0110	Bits invertiert. 0-> 1 und $1 \rightarrow 0$
Zweierkomplement	1111 1111 0010 0110 + 0000 0000 0000 0001 ———————— 1111 1111 0010 0111 **$-217_{10}=1111\ 1111\ 0010\ 0111_2$**	Einerkomplement + 1

Addition:

Zahl	Dezimal	Dual	Erläuterung
Zahl 1	15637	0011 1101 0001 0101	
Zahl 2	-217	1111 1111 0010 0111	
Addition	**15420**	**0011 1100 0011 1100**	**15637_{10} + (-217)**

Das Ergebnis ist **0011 1100 0011 1100$_2$** Übertrag 1. Der Übertrag wird hier weggelassen, da er außerhalb des **INT**-Bereichs liegt und gestrichen wird.